KB179000

디오판토스가 들려주는 방정식 이야기

디오판토스가 들려주는 방정식 이야기

ⓒ 정완상, 2010

초 판 1쇄 발행일 | 2005년 5월 30일
개정판 1쇄 발행일 | 2010년 9월 1일
개정판 15쇄 발행일 | 2021년 5월 28일

지은이 | 정완상
펴낸이 | 정은영
펴낸곳 | (주)자음과모음

출판등록 | 2001년 11월 28일 제2001-000259호
주   소 | 04047 서울시 마포구 양화로6길 49
전   화 | 편집부 (02)324-2347, 경영지원부 (02)325-6047
팩   스 | 편집부 (02)324-2348, 경영지원부 (02)2648-1311
e-mail | jamoteen@jamobook.com

ISBN 978-89-544-2018-1 (44400)

디오판토스가
들려주는

방정식 이야기

| 정완상 지음 |

㈜자음과모음

디오판토스를 꿈꾸는 청소년을 위한
'방정식' 이야기

중학교 때 다루던 방정식을 개정 교과서에서는 초등학교 6학년 과정으로 옮겨 다루고 있습니다. 방정식을 이용하면 문장으로 주어진 수학 문제를 쉽게 풀 수 있습니다.

이 책은 방정식을 이용하여 많은 문제를 해결하고자 하는 학생들에게 방정식의 창시자인 디오판토스가 수업을 하는 방식으로 일차방정식의 활용 문제를 많이 다루고 있습니다. 그래서 초등학교, 중학교 수학에서 가장 많이 등장하는 속력이나 농도에 관한 문제를 방정식으로 해결하는 방법을 쉽게 배울 수 있도록 꾸몄습니다.

또한 연립방정식과 이차방정식에 대해서도 아주 쉽게 설명

하고 있습니다. 연립방정식의 경우는 표를 이용하여 푸는 방법과 비교함으로써 학생들에게 연립방정식의 의미를 이해하기 쉽게 설명했습니다.

저는 한국과학기술원(KAIST)에서 이론 물리학으로 박사 학위를 받았으며, 대학교에서 학생들을 가르쳤습니다. 이때 위대한 물리학자들이 교실의 학생들에게 일상 속 실험을 통해 그 원리를 하나하나 설명해 가는 식으로 수업했던 경험을 살려 방정식에 관한 내용을 초등학생부터 이해할 수 있도록 서술했습니다.

책의 마지막 부분에 넣은 창작 동화인 〈수사반장 이쿠스〉에서는 방정식을 이용하여 여러 범죄를 해결하는 이쿠스의 지혜를 통해 강의 내용을 총정리할 수 있을 것입니다.

정 완 상

차례

1 첫 번째 수업

등식의 성질 ○ 9

2 두 번째 수업

일차방정식이란 무엇일까요? ○ 19

3 세 번째 수업

일차방정식을 이용하는 문제 ○ 33

4 네 번째 수업

연립일차방정식 푸는 방법 ○ 49

5 다섯 번째 수업

연립방정식을 이용하는 문제 ○ 61

6 / 여섯 번째 수업
이차방정식 풀어 보기 ○ 81

7 / 일곱 번째 수업
이차방정식의 근의 공식 ○ 95

8 / 여덟 번째 수업
이차방정식을 사용하는 문제 ○ 107

9 / 마지막 수업
황금비 ○ 117

부록

수사 반장 이쿠스 ○ 125
수학자 소개 ○ 152
수학 연대표 ○ 154
체크, 핵심 내용 ○ 155
이슈, 현대 수학 ○ 156
찾아보기 ○ 158

등식의 성질

등호가 있는 식을 등식이라고 합니다.
양팔 저울을 이용하여 등식의 성질을 알아봅시다.

1

첫 번째 수업

등식의 성질

교.   초등 수학 6-1   9. 문제 푸는 방법 찾기
과.   초등 수학 6-2   8. 문제 푸는 방법 찾기
연.   중등 수학 1-1   III. 문자와 식
계.   중등 수학 2-1   III. 방정식

디오판토스는 셀레는 마음으로
첫 번째 수업을 시작했다.

오늘은 방정식을 배우는 첫 번째 시간으로, 등식의 성질에 대해 이야기하겠습니다. 등식은 등호(=)가 있는 식을 말합니다. 예를 들어, 1+1=2는 등호가 있으므로 등식이지요.

500원짜리 볼펜 3자루를 사면 얼마를 내야 하죠?

__1,500원입니다.

맞습니다. 여기서 1500=500×3입니다. 그렇다면 a원짜리 볼펜 3자루를 사면 얼마죠?

__a×3원입니다.

볼펜 1자루의 값이 문자로 주어졌으므로 3자루의 값도 문자로 쓰여졌군요. 여기서 우리는 문자와 숫자의 곱에 대해 간단한 약속을 하겠습니다.

문자와 숫자의 곱 또는 문자와 문자의 곱에서는 기호 '×'를 생략하여 쓴다. 이때 숫자를 문자의 앞에 쓴다.

그러니까 $a \times 3$은 $3a$라고 쓰면 됩니다. 그러면 한 자루에 a원하는 볼펜 b자루의 값은 얼마인가요?

__$a \times b$원입니다.

맞습니다. 이때 $a \times b$는 ab라고 씁니다.

물론 $a \times b = b \times a$이므로 ba라고 쓸 수도 있지요. 하지만 보는 사람이 알기 쉽도록 하기 위해 알파벳 순서로 쓰는 것이 좋습니다.

그렇다면 $1 \times a$는 $1a$라고 써야 할까요? $1a$는 a와 같으므로 $1 \times a = a$라고 쓰면 됩니다.

이번에는 문자의 나눗셈을 알아봅시다.

12개의 빵을 4명이 똑같이 나누어 먹으면 한 사람이 몇 개씩 먹게 될까요?

__3개입니다.

여기서 3은 $12 \div 4$에서 나왔습니다. 이때 $12 \div 4 = \dfrac{12}{4}$라고

쓸 수 있습니다. 그럼 a개의 빵을 4명이 똑같이 나누어 먹으면 한 사람이 몇 개씩 먹게 될까요?

__$a \div 4$개입니다.

마찬가지로 $a \div 4 = \dfrac{a}{4}$라고 씁니다. 이렇게 문자의 나눗셈에서는 다음 규칙이 성립합니다.

문자와 수, 문자와 문자의 나눗셈은 분수로 나타낸다.

그러므로 문자의 나눗셈 $a \div b$는 $a \div b = \dfrac{a}{b}$와 같이 씁니다.

등식의 성질

이제 등식의 성질에 대해 알아봅시다.

디오판토스는 양팔 저울의 양쪽에 무게가 같은 피자를 올려놓았다.

저울이 수평을 이루지요? 이것은 두 피자의 무게가 같기 때문입니다. 이렇게 저울이 수평을 이루는 것을 등식에 비유할 수 있습니다. 왼쪽 피자의 무게를 A, 오른쪽 피자의 무게

를 B라고 하면 다음 등식이 성립합니다.

A = B

이때 등호의 왼쪽에 있는 것을 좌변, 오른쪽에 있는 것을 우변이라고 하고 좌변과 우변을 합쳐 양변이라고 합니다.

디오판토스는 저울 양쪽에 같은 무게의 핫소스를 1병씩 올려놓았다.

저울이 수평을 유지하는군요. 그러므로 등식의 양쪽에 같은 수를 더해도 등식은 달라지지 않습니다. 핫소스 병 하나의 무게를 C라고 하면 다음과 같지요.

A=B일 때, A+C=B+C

디오판토스는 저울 양쪽에서 핫소스 병을 내려놓고 양쪽에 같은 피자를 2판씩 더 올려놓았다.

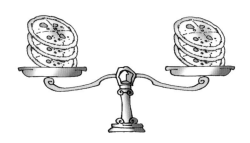

저울이 다시 수평을 유지하는군요. 왼쪽 피자들의 무게는 3A이고, 오른쪽 피자들의 무게는 3B입니다. 그러므로 3A=3B가 성립합니다. 즉, 양쪽에 같은 피자를 C장씩 올려놓아도 저울은 수평을 유지하겠지요? 그러므로 등식의 양변에 같은 수를 곱해도 등식은 변하지 않습니다. 이것을 등식으로 쓰면 다음과 같습니다.

A=B일 때, AC=BC

디오판토스는 피자 1판을 남겨 두었다. 그리고 양쪽의 피자를 각각

4등분하여 저울 양쪽에 1조각씩만 올려놓았다.

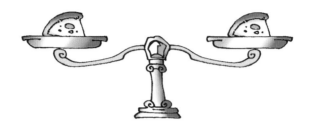

저울이 수평을 이루는군요. 왼쪽 피자를 4등분한 것 중 한 조각의 무게는 $A \div 4 = \dfrac{A}{4}$입니다. 마찬가지로 오른쪽 피자 조각의 무게는 $\dfrac{B}{4}$입니다. 그러므로 $\dfrac{A}{4} = \dfrac{B}{4}$가 성립합니다.

이것은 피자를 C등분한 경우도 마찬가지입니다. 왼쪽 피자를 C등분한 한 조각의 무게는 $\dfrac{A}{C}$이고 오른쪽 피자의 경우는 $\dfrac{B}{C}$가 됩니다. 그러므로 양쪽을 0이 아닌 같은 수로 나눈다면 등식이 달라지지 않습니다. 이것을 식으로 나타내면 다음과 같습니다.

$$A=B \text{일 때, } \frac{A}{C} = \frac{B}{C} \ (C \neq 0)$$

이게 뭐야? 꼼짝도 안 하잖아.

그거야 우리 둘의 무게가 같으니까 그렇지.

시소가 수평을 이루는 것을 등식에 비유할 수 있어. 네 무게를 A, 내 무게를 B라고 하면 등식 A=B가 성립해. 이때 등호의 왼쪽에 있는 것을 좌변, 오른쪽에 있는 것을 우변이라고 하고 좌변과 우변을 합쳐 양변이라고 하는 거야.

좋아! 그럼 너랑 내 뒤에 같은 무게의 돌덩이를 올려놓아도 무게는 같잖아. 이런 경우도 등식으로 나타낼 수 있어?

물론이지. 등식은 양쪽에 같은 수를 더해도 달라지지 않아. 돌덩이의 무게를 C라고 하면 다음과 같은 등식이 성립되는 거지. A=B일 때, A+C=B+C

그렇다면 우리와 무게가 같은 사람을 같은 명수만큼 타도록 하면 어떻게 될까?

똑같은 개수로 늘어난다면 계속 수평이 유지되겠지?

맞아. 양쪽에 우리와 같은 무게의 사람이 C명씩 올라간다 해도 시소는 수평을 유지하겠지. 그러므로 등식의 양변에 같은 수를 곱해도 등식은 변하지 않는 거야. A=B일 때, AC = BC

이제 등식에 대해선 잘 알겠는데 우리 언제까지 이러고 있어야 하는 거니?

하하, 그렇네.

2

일차방정식이란
무엇일까요?

미지수의 일차항만을 포함하는 방정식을 일차방정식이라고 합니다.
일차방정식에 대해 알아봅시다.

2

일차방정식이란
무엇일까요?

교.   초등 수학 6-1   9. 문제 푸는 방법 찾기
과.   초등 수학 6-2   8. 문제 푸는 방법 찾기
연.   중등 수학 1-1   Ⅲ. 문자와 식
계.   중등 수학 2-1   Ⅲ. 방정식

디오판토스는 학생들이 방정식을
어려워하지 않기를 바라며
두 번째 수업을 시작했다.

오늘은 방정식에 대해 얘기해 봅시다. 어떤 수의 2배가 4
라면 어떤 수는 얼마죠?

__2입니다.

이렇게 주어진 조건을 만족하는 어떤 수를 찾는 문제에 방
정식을 이용할 수 있습니다.

어떤 수를 x라고 놓아 보죠. 그러면 어떤 수의 2배는 $2x$이
고, 이것이 4이므로 $2x = 4$가 됩니다. 이렇게 구해야 하는 수
x를 미지수라고 하고, 미지수가 있는 등식을 방정식이라고
하지요.

방정식 $2x = 4$를 만족하는 x는 물론 $x = 2$입니다. 이렇게 방정식을 만족하는 미지수의 값을 방정식의 해 또는 근이라고 합니다.

디오판토스는 다음과 같은 방정식을 썼다.

$$3x - 2 = 7$$

주어진 방정식에 $x = 1$을 넣어 보세요. 좌변은 $3 \times 1 - 2 = 1$이므로 등식을 만족하지 않습니다. 그러므로 $x = 1$은 이 방정식의 근이 아닙니다.

$x = 2$를 넣으면 좌변은 $3 \times 2 - 2 = 4$이므로 등식을 만족하지 않습니다. 그러므로 $x = 2$도 방정식의 근이 아닙니다.

$x = 3$을 넣으면 좌변은 $3 \times 3 - 2 = 7$이므로 등식을 만족합니다. 그러므로 $x = 3$이 이 방정식의 근입니다.

__ 아, 이런 방법으로 해를 구할 수 있군요.

방정식의 풀이

이제 방정식을 쉽게 푸는 방법에 대해 알아봅시다.

디오판토스는 푸름이에게 자신의 나이에 2를 곱해 3을 더하라고 했다. 그 값을 기억하고 다시 그 값에 4배를 한 다음 5를 더하게 했다. 디오판토스는 푸름이에게 그 값을 물었다. 푸름이는 137이라고 대답했다. 디오판토스는 푸름이의 나이가 15살이라는 것을 알아냈다. 모두들 놀란 눈으로 디오판토스를 바라보았다.

내가 어떻게 푸름이의 나이를 알아맞힐 수 있었을까요? 푸름이의 나이를 x살이라고 합시다. 이것에 2를 곱해 3을 더하면 $(2x+3)$이 되고, 그 값에 4배를 한 다음 5를 더하면 다음과 같이 됩니다.

$4(2x+3)+5$

이것이 137이므로 다음과 같이 되지요.

$$4(2x+3)+5=137$$

어럇! 방정식이 나왔군요. 그렇습니다. 이 식에서 x는 푸름이의 나이입니다. 그러므로 이 방정식의 해 x를 구하면 되지요. 어떻게 이 방정식에서 x를 구할까요?

수학자의 비밀노트

분배 법칙

가게에서 1개에 200원짜리 사과 3개와 1개에 300원짜리 배 3개를 산다고 하자. 이때 사과의 값은 3×200원, 배의 값은 3×300원이다. 그러므로 전체 금액은 3×200+3×300원이다.

이 가게에서 사과 1개와 배 1개를 묶음으로 판다고 하자. 이때 한 묶음의 가격은 200+300=500원이므로 3묶음은 3×500원이다. 그러므로 다음과 같은 등식이 성립한다.

3×500=3×200+3×300

여기서 500=200+300이므로 이 식은 다음과 같이 된다.

3×(200+300)=3×200+3×300

즉, 세 수 또는 세 식을 a, b, c라고 할 때 다음과 같은 등식이 성립하는 경우를 분배 법칙이 성립한다고 한다.

$a×(b+c)=a×b+a×c$

이때 문자들 사이의 곱하기 기호를 생략하면 다음과 같이 된다.

$a(b+c)=ab+ac$

이제 분배 법칙을 써서 원래의 방정식을 풀어 봅시다.
$4(2x+3)$은 분배 법칙에 의해 다음과 같이 됩니다.

$$4(2x+3) = 4 \times 2x + 4 \times 3 = 8x+12$$

따라서 주어진 방정식은 다음과 같이 쓸 수 있습니다.

$$8x+12+5 = 137$$
$$8x+17 = 137$$

이제 양변에서 17을 빼 주면 $8x=120$이 되고, 양변을 8로 나누어 주면 $x=15$가 됩니다.

이것이 주어진 방정식의 해입니다. 그러므로 푸름이의 나이는 15살입니다. 그러니까 나는 방정식을 풀어 푸름이의 나이를 알아맞힌 거죠.

방정식의 차수

이제 방정식에 대해 본격적으로 알아봅시다. 다음 두 방정식을 봅시다.

(A) $3x + 4 = 0$

(B) $x^2 - x + 2 = 0$

(A)를 봅시다.

$(3x + 4)$에서 $3x$와 4를 항이라 합니다. 이 중에서 4처럼 수로만 되어 있는 항을 상수항이라고 합니다. 이때 하나의 항에서 어떤 문자들의 곱해진 개수를 그 항의 차수라고 합니다. $3x$는 문자 x가 1개 곱해져 있으므로 차수는 1입니다.

또한 상수항은 문자가 없으므로 차수가 0입니다. 이때 차수가 가장 높은 항의 차수를 그 식의 차수로 정의합니다. $(3x + 4)$에서 차수가 가장 높은 항은 $3x$이고 그것의 차수는 1이므로 $(3x + 4)$의 차수는 1입니다. 따라서 이 식을 일차식이라고 합니다.

이때 (A)는 (x의 1차식) $= 0$을 만족하므로, 이것을 일차방정식이라고 합니다.

(B)를 보죠.

$(x^2 - x + 2)$는 3개의 항으로 이루어져 있습니다. 여기서 차수가 가장 높은 항은 $x^2 = x \times x$이고 차수는 2이므로 $(x^2 - x + 2)$의 차수는 2입니다. 이 식을 이차식이라고 합니다.

그러므로 (B)는 (x의 2차식) $= 0$을 만족하는데, 이것을 이차방정식이라고 하지요. 이런 식으로 삼차, 사차방정식도 만들 수 있는 것입니다.

일차방정식의 풀이

일차방정식을 푸는 방법에 대해 알아보겠습니다.

디오판토스는 양팔 저울의 왼쪽에 x라고 쓴 추와 1g짜리 추 3개를 놓고, 오른쪽에는 1g짜리 추 7개를 놓았다. 양쪽은 수평을 이루었다.

x라고 쓴 추의 무게를 알아봅시다. 이것을 방정식으로 쓰면 다음과 같습니다.

$x + 3 = 7$

디오판토스는 저울 양쪽에서 1g짜리 추 3개씩을 들어냈다. 저울은 여전히 수평을 유지했다.

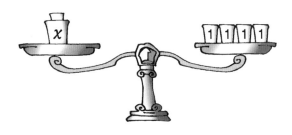

이것을 식으로 쓰면 다음과 같지요.

$x = 7 - 3$

어랏! 방정식 $x + 3 = 7$에서 좌변의 $+3$이 등호를 넘어가 우변에서 -3이 되었군요. 이것을 이항이라고 합니다. 이렇게 항이 이항하면 부호가 바뀌게 되지요. 그러니까 이 방정식의 해는 $x = 4$가 됩니다.

__ 이항을 꼭 기억해 두어야 겠어요.

디오판토스는 양팔 저울의 왼쪽에 x라고 쓴 추 3개를 놓고, 오른쪽에 x라고 쓴 추 2개와 1g짜리 추를 놓았다. 저울은 수평을 이루었다.

이때 x라고 쓴 추의 무게를 구해 봅시다. 이것을 방정식으로 쓰면 다음과 같지요.

$$3x = 2x + 1$$

디오판토스는 저울 양쪽에서 x라고 쓴 추 2개씩을 들어 냈다. 저울은 여전히 수평을 이루었다.

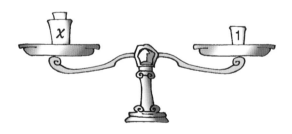

이것을 식으로 쓰면 다음과 같습니다.

$$3x - 2x = 1$$

우변에 있던 $2x$가 이항하여 좌변에서 $-2x$가 되었군요. $3x$ 는 x가 3개, $2x$는 x가 2개라는 뜻이므로 $3x-2x=x$가 됩니다. 따라서 이 방정식의 해는 $x=1$이 되지요. 마지막으로 다음과 같은 일차방정식을 풀어 봅시다.

$$5x-2=2x+10$$

좌변의 -2를 우변으로 이항하면

$$5x=2x+10+2$$

가 되고 정리하면 $5x=2x+12$가 됩니다.

이제 우변의 $2x$를 좌변으로 이항하면 $3x=12$가 되고 양변을 3으로 나누어 주면 $x=4$가 됩니다. 이것이 바로 주어진 방정식의 근입니다.

수학자의 비밀노트

동류항 정리

동류항이란 같은 문자와 차수를 지닌 항을 말한다. 예를 들어 $3x$와 $-7x$, $4y$와 $2y$, $-9x^2$와 $-3x^2$, 6과 -1이다. 동류항들은 분배 법칙을 이용하여 하나의 항으로 간단히 할 수 있는데 이러한 과정을 동류항 정리라고 하며 식을 정리하거나 방정식을 풀 때 이용된다. 예를 들면 다음과 같다.

$$3x+7x-2=(3+7)x-2=10x-2$$
$$-2y+9=-9y-3 \Rightarrow -2y+9y=-3-9 \Rightarrow 7y=12 \Rightarrow y=\frac{12}{7}$$

어떤 수에 3을 곱한 다음 4를 더했더니 0이 되었어. 그럼 어떤 수는 무엇일까?

헉! 너무 어렵잖아.

후후, 이건 일차방정식이란 것만 알면 쉽게 구할 수가 있지~.

뭐? 일차방… 뭐라고?

어떤 수를 x라고 하면 그 수에 3을 곱하고 4를 더했으니까 (3x+4)로 쓸 수 있고, 이 값이 0이니까 다음 식이 성립하게 되는 거지.

$$3x+4=0$$

$$x \times 3 + 4$$
$$\longrightarrow 3x + 4$$
$$\longrightarrow 3x + 4 = 0$$

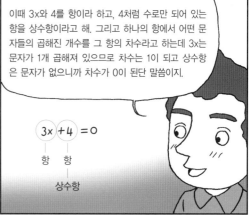

이때 3x와 4를 항이라 하고, 4처럼 수로만 되어 있는 항을 상수항이라고 해. 그리고 하나의 항에서 어떤 문자들의 곱해진 개수를 그 항의 차수라고 하는데 3x는 문자가 1개 곱해져 있으므로 차수는 1이 되고 상수항은 문자가 없으니까 차수가 0이 된단 말씀이지.

$$(3x)\ (+4) = 0$$
항　　항
상수항

차수가 가장 큰 항의 차수를 그 식의 전체 차수로 정의해. (3x+4)에서 차수가 가장 큰 항은 3x이고, 이것의 차수는 1이므로 (3x+4)의 차수는 1이 되고, 이 식을 일차식이라고 하는 거야. 그리고 3x+4=0처럼 (x의 일차식)=0을 만족하는 것을 일차방정식이라고 하지.

이제 이항을 통해서 식을 정리하면 3x+4=0, 3x=−4가 되지. 이것의 양변을 3으로 똑같이 나누면….

아! $x=-\dfrac{4}{3}$가 되어 구하려는 어떤 수는 $-\dfrac{4}{3}$가 되네.

3

일차방정식을 이용하는 문제

속력이나 농도와 같은 문제들은 일차방정식을 이용합니다.
일차방정식을 이용해 이러한 문제를 해결해 봅시다.

3

세 번째 수업

일차방정식을
이용하는 문제

교.   초등 수학 6-1   9. 문제 푸는 방법 찾기
과.   초등 수학 6-2   8. 문제 푸는 방법 찾기
연.   중등 수학 1-1   Ⅲ. 문자와 식
      중등 수학 2-1   Ⅲ. 방정식
계.

디오판토스는 생활 속에서 접하는
문제를 일차방정식으로 풀어 보자며
세 번째 수업을 시작했다.

일차방정식은 어디에 쓰일까요? 오늘은 일차방정식의 활
용에 대해 알아보겠습니다.

디오판토스는 3m 길이의 끈을 2조각으로 나누었다.

끈의 길이가 서로 다르네요. 긴 끈과 짧은 끈의 차이가 60cm이군요. 짧은 끈의 길이를 구해 봅시다.

짧은 끈의 길이를 $x$cm라고 하면 긴 끈의 길이는 $(x+60)$cm가 되지요? 두 끈의 길이를 합치면 3m입니다. 3m를 cm로 고치면 300cm이므로 다음과 같이 됩니다.

(짧은 끈 길이) + (긴 끈 길이) = 300

이 식을 미지수로 나타내면

$$x + (x + 60) = 300$$

이 됩니다. 따라서 $2x + 60 = 300$이 되고, 60을 이항하면 $2x = 240$이 됩니다. 이제 양변을 2로 나누면 $x = 120$이 되어 짧은 끈의 길이는 120cm이고 긴 끈의 길이는 180cm이지요.

속력 문제

일차방정식을 이용하여 물체의 속력과 관련된 문제를 풀 수 있습니다.

__속력 문제도요?

디오판토스는 2대의 모터 킥보드를 가지고 왔다. A 모터 킥보드는 초속 8m로 달릴 수 있고, B 모터 킥보드는 초속 10m로 달릴 수 있다고 했다. 디오판토스는 미니에게 A 모터 킥보드를 타고 출발해서 탑까지 갔다가, 탑에서 돌아올 때는 B 모터 킥보드를 타고 원래의 위치로 오라고 했다. 미니는 출발 후 1분 30초가 지나 원래 위치로 돌아왔다.

속력은 물체의 빠르기입니다. 10m를 가는 데 2초가 걸린다면, 이때 $\frac{10}{2} = 5$에서 속력은 초속 5m입니다. 1초에 5m를 움직인다는 의미이지요.

즉, 속력은 거리를 시간으로 나눈 값입니다.

$$(\text{속력}) = \frac{(\text{거리})}{(\text{시간})}$$

이 문제는 처음 위치에서 탑까지 갈 때와 돌아올 때 속력이 다른 경우입니다. 그런데 처음 위치와 탑까지의 거리를 모르는군요. 이 거리를 xm라고 합시다.

따라서 가는 데 걸리는 시간은 거리를 속력으로 나눈 값이므로 $\frac{x}{8}$초이고, 오는 데 걸리는 시간은 $\frac{x}{10}$초입니다.

1분 30초는 90초이므로 다음 관계식이 성립합니다.

(가는 데 걸린 시간)+(오는 데 걸린 시간) = 90

$$\frac{x}{8} + \frac{x}{10} = 90$$

이런 방정식을 풀 때는 양변에 8과 10의 최소공배수인 40을 곱하면 됩니다. 이때 다음 식이 얻어지지요.

$$5x + 4x = 3600$$

좌변에서 분배 법칙을 쓰면

$$5x + 4x = (5+4)x = 9x$$

이므로 $9x = 3600$이 됩니다. 따라서 양변을 9로 나누면 $x = 400$이 됩니다.

그러므로 처음 위치에서 탑까지의 거리는 400m입니다.

이번에는 추월 문제를 알아봅시다. 뒤에서 달리는 사람이 앞서 가던 사람의 위치와 같아지는 경우를 추월이라고 합니다. 물론 뒤에 있는 사람의 속력이 앞에 있는 사람의 속력보다 큰 경우에만 추월이 가능하지요.

디오판토스는 미니에게는 초속 8m로 달리는 모터 킥보드를 타게 하고, 훈이에게는 초속 10m로 달리는 모터 킥보드를 타게 했다. 그리고 미니를 훈이보다 6m 앞에 세운 다음에 동시에 출발시켰다.

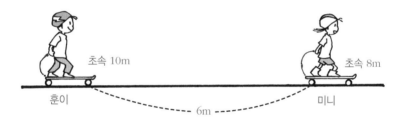

1초 후 두 사람 사이의 거리는 4m로 좁혀졌다.

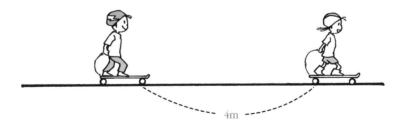

2초 후 두 사람 사이의 거리는 2m로 좁혀졌다.

2m

3초 후 두 사람은 같은 위치에 있었다.

3초 후 훈이가 미니를 추월하기 시작했군요. 이 문제를 방정식을 이용하여 풀 수 있습니다.

훈이가 미니를 추월하기 시작하는 시간을 x초라고 합시다. 이 시간 동안 두 사람이 움직인 거리를 보지요.

미니가 움직인 거리(m) $= 8x$

훈이가 움직인 거리(m) $= 10x$

미니가 훈이보다 6m 앞에 있었기 때문에 두 사람의 위치가 같아지려면 훈이가 움직인 거리는 미니가 움직인 거리와 6m의 합이 되어야 합니다. 따라서 다음 식이 성립합니다.

$$10x = 8x + 6$$

우변의 $8x$를 이항하면 $10x - 8x = 6$이 되어 $2x = 6$이 됩니다. 이제 양변을 2로 나누면 $x = 3$이 되지요.

그러므로 훈이는 3초 후에 미니를 추월하기 시작한다는 것을 알 수 있습니다.

농도와 관련된 문제

이번에는 소금물의 농도에 대한 문제를 알아보겠습니다. 농도란 진한 정도를 말합니다. 그러므로 물에 소금을 넣지 않으면 농도는 0이 되지요.

하지만 소금을 넣으면 농도가 변하게 되고 소금을 많이 넣을수록 소금물의 농도는 높아집니다.

즉, 소금물의 농도는 소금물에 대한 소금의 비율을 말하지요. 따라서 소금물의 농도는 다음 페이지와 같은 식으로 주어집니다.

$$농도(\%) = \frac{(소금의\ 양)}{(소금물의\ 양)} \times 100$$

농도는 %로 나타내지요. 예를 들어, 소금물 50g 속에 소금이 10g 녹아 있다고 합시다. 소금물은 소금과 물을 합친 것이므로 물만의 무게는 40g이 되지요. 이때 농도는 다음과 같습니다.

$$\frac{10}{50} \times 100 = 20(\%)$$

즉, 농도는 소금물에 대한 소금의 비율입니다. 여기서 100을 곱한 것은 %로 나타내기 위해서입니다.

농도는 다음과 같이 바둑알로 설명할 수 있습니다.

디오판토스는 흰 바둑알 4개와 검은 바둑알 1개를 놓았다.

이제부터 흰 바둑알은 물을 나타내고 검은 바둑알은 소금을 나타낸다고 합시다. 그리고 바둑알 하나의 무게를 10g이라고 합시다. 그러므로 5개의 바둑알은 물 40g과 소금 10g으로 이루어진 소금물을 나타냅니다.

먼저 소금물이 증발하는 문제를 봅시다. 증발이란 물이 기체가 되어 날아가는 것입니다. 이때 소금은 증발되지 않습니다. 그러니까 물은 줄어들고 소금은 그대로 남게 되겠지요.

디오판토스는 흰 바둑알 1개를 뺐다.

이것이 바로 증발입니다. 흰 바둑알 하나가 사라졌으니까 물 10g이 증발한 것이죠. 검은 바둑알은 증발되지 않았으므로 그대로 10g입니다. 소금물은 40g이고 소금은 10g이므로

농도는

$$\frac{10}{40} \times 100 = 25(\%)$$

가 되어 농도가 증가했습니다. 즉, 증발이 일어나면 소금물의 농도가 증가합니다.

이번에는 소금을 더 넣어 주는 경우를 봅시다.

디오판토스는 흰 바둑알 6개와 검은 바둑알 2개를 놓았다.

이 소금물의 농도는

$$\frac{20}{80} \times 100 = 25(\%)$$

입니다.

이번에는 소금의 양을 증가시켜 보겠습니다.

디오판토스는 검은 바둑알 2개를 더 놓았다.

검은 바둑알 2개를 더 놓았으므로 소금 20g을 더 넣어 준 것입니다. 이때 농도는 다음과 같습니다.

$$\frac{40}{100} \times 100 = 40(\%)$$

즉, 소금을 더 넣어 주면 농도가 증가합니다.

이제 방정식으로 해결할 수 있는 농도 문제를 풀어 보겠습니다. 다음 문제를 봅시다.

농도 8%의 소금물 625g에서 물을 증발시켜 10%의 소금물로 만들려고 한다. 몇 g의 물을 증발시켜야 하는가?

증발시키는 물의 양을 xg이라고 합시다. 먼저 증발시키기 전의 소금의 양을 구해 봅시다. 농도 8%의 소금물 625g이므로 소금의 양을 □g이라고 하면

$$8 = \frac{□}{625} \times 100$$

이 됩니다. 양변에 625를 곱하면 5000 = □×100이므로, □ = 50이 됩니다. 그러므로 소금의 양은 50g이지요. 증발 후에도 소금의 양은 그대로입니다. 즉, 다음과 같이 됩니다.

소금의 양(g) = 50

소금물의 양(g) = 625 − x

이것이 농도 10%의 소금물이 되어야 하므로 다음 식을 만족합니다.

$$10 = \frac{50}{625-x} \times 100$$

양변에 (625−x)를 곱하면

$$10(625-x) = 5000$$

이고 양변을 10으로 나누면 $625-x=500$이 됩니다. 이제 $-x$를 우변으로, 500을 좌변으로 이항하면 $625-500=x$가 되어 $x=125$가 됩니다.

즉, 8%의 소금물 625g에서 물 125g을 증발시키면 농도가 10%인 소금물이 되지요.

자장면 먹기 대회 결승전이 열리고 있는 현장입니다. 그런데 저 선수는 먹지 않고 태연히 있군요. 무슨 일일까요?

하하하. 이건 다 계산에 의한 전략입니다. 제 옆의 선수는 자장면을 1분에 4그릇, 전 1분에 7그릇을 먹을 수 있죠. 따라서 옆 선수가 7그릇을 먹을 때부터 제가 먹기 시작해도 2분 후엔 제가 따라잡을 수 있습니다.

아, 대단한 자신감이군요. 아마도 방정식을 이용해서 계산을 한 것 같은데요. 뚱보 선수가 홀쭉이 선수를 추월하기 시작하는 시간을 x분이라고 하면 두 선수가 먹는 자장면의 그릇 수는 이렇게 되겠군요.

(홀쭉이 선수가 먹는 그릇 수)=4x
(뚱보 선수가 먹는 그릇 수)=7x

그런데 홀쭉이 선수가 지금 6그릇 앞서 있으니까 두 선수의 먹은 그릇 수가 같아지는 때는 다음 식으로 알 수 있습니다.

$7x = 4x + 6$

식에서 우변의 4x를 이항하면 $7x-4x=6$이 되고 계산하면 $3x=6$, 결국 x는 2가 되네요. 그렇다면 뚱보 선수의 말대로 2분이면 추월당하게 되는 게 확실합니다.

하지만 경기 끝났습니다. 이 대회는 1분 30초 안에 누가 자장면을 많이 먹나 겨루는 대회라는 것을 뚱보 선수는 모르고 있었던 것 같습니다.

4

연립일차방정식
푸는 방법

미지수가 2개인 일차방정식은 어떻게 풀까요?
연립일차방정식에 대해 알아봅시다.

연립일차방정식 푸는 방법

교. 중등 수학 1-1   Ⅲ. 문자와 식
과. 중등 수학 2-1   Ⅲ. 방정식
연.
계.

디오판토스는
동전 몇 개를 손에 쥐고
네 번째 수업을 시작했다.

오늘은 미지수가 2개인 일차방정식에 대해 알아봅시다.

디오판토스는 10원짜리 동전 몇 개와 100원짜리 동전 몇 개를 손에 쥐었다.

지금 내 손에는 10원짜리와 100원짜리 동전이 있습니다. 이들을 합친 금액은 230원입니다. 그럼 10원짜리 동전과 100원짜리 동전은 각각 몇 개일까요?

　잠시 침묵이 흘렀다. 학생들은 정답을 모르는 표정이었다.

　모르는 것은 10원짜리 동전의 개수와 100원짜리 동전의 개수입니다. 즉, 미지수가 2개입니다. 10원짜리 동전을 x개, 100원짜리 동전을 y개라고 합시다.

　그럼 10원짜리 동전의 전체 금액은 얼마지요?

　__ $10x$ 원입니다.

　100원짜리 동전의 전체 금액은 얼마지요?

　__ $100y$ 원입니다.

　그러므로 전체 금액은 다음과 같지요.

$$10x + 100y$$

이것이 230원이므로

$$10x + 100y = 230$$

이 됩니다. 이것은 미지수가 2개인 일차방정식입니다.

그럼 이 방정식의 해는 어떻게 구할까요?

동전의 개수는 0 또는 자연수입니다. 즉, 동전의 개수는 0, 1, 2, 3, … 이 되지요.

먼저 100원짜리 동전이 없다고 합시다. 그럼 $y = 0$이지요. 이때 주어진 방정식은 $10x = 230$이 되고, 방정식을 풀면 $x = 23$이지요.

그러므로 내 손에 10원짜리 동전만 23개가 있을 수 있습니다. 하지만 다른 경우도 있나 조사해 봅시다.

100원짜리 동전이 1개 있다고 합시다. 그럼 $y = 1$이므로 주어진 방정식은 $10x + 100 \times 1 = 230$이 되고 양변에서 100을 빼면 $10x = 130$이 됩니다. 이 방정식을 풀면 $x = 13$이 됩니다.

그러므로 내 손에 100원짜리 동전 1개와 10원짜리 동전 13개가 있을 수 있습니다. 또 다른 경우가 있을까요?

이번에는 100원짜리 동전이 2개 있다고 합시다.

그러면 $y = 2$이므로 주어진 방정식은 $10x + 100 \times 2 = 230$이 되고 양변에서 200을 빼면 $10x = 30$이 됩니다. 이 방정식을 풀면 $x = 3$이지요. 그러므로 내 손에 100원짜리 동전 2개와 10원짜리 동전 3개가 있을 수 있습니다.

그럼 100원짜리 동전이 3개일 수 있을까요? 100원짜리 동전 3개의 금액은 300원입니다. 그러므로 이런 경우는 동전의 금액이 230원이 될 수 없지요. 따라서 100원짜리 동전의 개수는 3개 이상이 될 수 없습니다.

그러므로 다음과 같이 3가지 경우가 가능합니다.

	10원짜리 동전의 개수(x)	100원짜리 동전의 개수(y)	전체 금액(원)
(A)	23	0	230
(B)	13	1	230
(C)	3	2	230

그럼 도대체 내 손에는 몇 개의 10원짜리 동전과 100원짜리 동전이 있을까요? 물론 답은 위 3가지 경우 중 1가지입니다. 하지만 전체 금액이 230원이라는 하나의 조건만으로는 셋 중 어느 경우인지를 알 수 없습니다.

내 손에 들어 있는 동전이 모두 5개라고 하면 어느 경우가 정답인가요?

＿ (C)입니다.

디오판토스는 손을 펼쳤다. 10원짜리 3개와 100원짜리 2개가 나타났다.

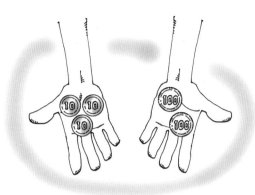

전체 동전의 개수가 5개라는 조건을 식으로 쓰면

$$x + y = 5$$

입니다. 이것은 x, y에 대한 또 다른 식입니다. 이렇게 미지수가 2개인 일차방정식에서 해가 하나로 결정되기 위해서는 2개의 식이 필요합니다. 즉, 2개의 식을 동시에 만족하는 x, y를 찾아야 하지요.

이렇게 2개의 미지수가 만족하는 2개의 일차방정식 묶음을 연립일차방정식이라고 하고 다음과 같이 나타냅니다.

$$\begin{cases} 10x + 100y = 230 \\ x + y = 5 \end{cases}$$

물론 이 연립일차방정식의 해는 $x = 3$, $y = 2$이지요.

연립방정식의 풀이

이제 연립방정식 푸는 방법을 알아봅시다.

다음 연립방정식을 보죠.

$$\begin{cases} 10x + 100y = 230 \\ x + y = 5 \end{cases}$$

2개의 식 중 위의 식의 양변을 10으로 나누면

$$\begin{cases} x + 10y = 23 \\ x + y = 5 \end{cases}$$

가 됩니다. 이제 두 식을 다음과 같이 쓰고 위의 식에서 아래 식을 빼 주면 x항이 사라집니다. 그러므로 다음과 같이 되지요.

$$\begin{array}{r} x + 10y = 23 \\ -\underline{)\ x + y = 5} \\ 9y = 18 \end{array}$$

즉, $9y=18$을 풀면 됩니다. 이 식의 해는 $y=2$이지요. 이제 이 값을 위의 식과 아래 식 중 어디든지 대입할 수 있습니다.

아래 식에 대입하면 $x+2=5$이므로 $x=3$이 됩니다.

그러므로 이 연립방정식의 해는 $x=3$, $y=2$입니다.

이번에는 좀 더 복잡한 연립방정식을 푸는 방법을 알아봅시다. 다음 연립방정식을 보죠.

$$\begin{cases} 3x+2y=-17 \ \cdots\cdots(1) \\ 2x+3y=-18 \ \cdots\cdots(2) \end{cases}$$

편의상 위의 식을 (1)로 아래 식을 (2)로 나타냈습니다.

x와 y 모두 계수가 일치하지 않지요?

이럴 때는 어떤 미지수의 계수가 같아지도록 두 식에 적당한 수를 곱합니다.

수학자의 비밀노트

계수

다항식의 각 항에 곱해진 숫자를 계수라고 한다. 예를 들어 다항식 $-2x+7y+6$에서 x의 계수는 -2, y의 계수는 7이다.

연립방정식을 풀 때 동류항의 계수를 같게 하여 더하거나 빼면 한 미지수가 사라져 다른 미지수의 값을 구할 수 있게 된다.

y의 계수가 같아지도록 해 봅시다. (1)의 y의 계수는 2이고 (2)의 y의 계수는 3이므로 (1)에 3을 곱하고 (2)에 2를 곱합시다. 그러면 y의 계수가 6으로 같아집니다. 이렇게 한 다음 위의 식에서 아래 식을 빼 주면 다음과 같이 됩니다.

$$9x + 6y = -51$$
$$-\,)\,4x + 6y = -36$$
$$5x = -15$$

따라서 $5x = -15$를 풀면 $x = -3$이 됩니다.

이것을 (1)에 넣으면

$$3 \times (-3) + 2y = -17$$

입니다. 이 식을 정리하면

$$-9 + 2y = -17$$
$$2y = -17 + 9$$
$$2y = -8$$

이 됩니다. 이제 양변을 2로 나누면 $y = -4$입니다.

 따라서 주어진 연립방정식의 해는 $x = -3$, $y = -4$가 됩니다.

오징어 3마리
물고기 2마리
500원

오징어 2마리
물고기 3마리
400원

힝~ 오징어만 사고 싶은데… 오징어 1마리의 가격은 얼마지?

연립방정식을 이용하면 금방 알 수 있을 텐데….

연립방정식이요? 어떻게 하는 건데요?

자, 보세요. 오징어를 x라고 하고 물고기를 y마리라고 하면 이런 연립방정식으로 표현되겠지요?

$$3x + 2y = 500$$
$$2x + 3y = 400$$

이제 미지수 y 앞의 숫자가 같아지도록 위의 식엔 3을 곱하고 밑의 식엔 2를 곱하면 y 앞의 숫자가 6으로 같아집니다. 위 식에서 아래 식을 한번 빼 볼까요?

$$\begin{array}{r} 9x + 6y = 1500 \\ -)\underline{4x + 6y = 800} \\ 5x = 700 \end{array}$$

아, 알겠어요. 5x=700을 풀면 x=140이 되고, 이것을 위의 식에 넣으면 3×140+2y=500이 되니까 420+2y=500이 되어 2y=80이 된다는 말씀이시죠?

5x=700

호오~!

마지막으로 2y=80에서 양변을 2로 나누면 y=40이 되니까 주어진 연립방정식의 해는 x=140, y=40이 되어 오징어 1마리의 가격은 140원, 물고기 1마리의 가격은 40원이 되는 거네요.

하하하, 맞았어요. 제법이군요.

5

연립방정식을
이용하는 **문제**

미지수가 2개 나타나는 문제는 연립방정식을 이용합니다.
연립방정식을 이용하는 문제에 대해 알아봅시다.

5

연립방정식을
이용하는 문제

교.
과.
연.
계.

중등 수학 1-1 Ⅲ. 문자와 식
중등 수학 2-1 Ⅲ. 방정식
중등 수학 3-1 Ⅲ. 이차방정식
고등 수학 1-1 Ⅲ. 방정식과 부등식

디오판토스는 연립방정식 문제를
함께 고민해 보자며
다섯 번째 수업을 시작했다.

연립방정식은 미지수가 2개 나타나는 문제에 사용됩니다.
물론 두 미지수의 값을 결정하려면 두 미지수가 만족하는 2
개의 조건이 필요합니다. 즉, 두 조건은 2개의 미지수 x, y로
나타내어 연립방정식을 만들고 이를 풀어 x, y의 값을 결정
하면 되지요.

자, 이제 연립방정식을 이용하는 문제를 봅시다.

디오판토스는 민지에게 20문제가 실린 시험지를 1장 주었다. 민지
는 갑작스러운 시험에 긴장했지만 시험지를 보고는 황당해했다.

시험지는 각 문제마다 보기가 4개씩 있는 객관식이었는데 문제가
무엇인지 나와 있지 않았기 때문이었다.

자, 이제 민지는 아무렇게나 답을 적을 거예요. 문제가 없
으니까요. 하지만 20문제의 정답은 제 손에 있습니다. 민지
가 얼마나 정답을 잘 예측하는지 볼까요? 답은 모두 써 넣어
야 합니다. 그리고 답을 맞히면 4점을 얻고, 틀리면 1점을 잃
게 됩니다.

민지는 아무렇게나 답을 적었다. 디오판토스는 민지의 답안지를 채
점했다. 민지의 점수는 60점이었다.

민지가 맞힌 문제는 몇 문제일까요?

학생들은 잠시 머뭇거렸다. 채점한 답안지를 볼 수 없었기 때문이었다.

이럴 때 연립방정식을 쓴답니다. 민지가 맞힌 문제의 수를 x개라고 하고 틀린 문제의 수를 y개라고 합시다. 틀린 문제와 맞힌 문제 수의 합이 20이므로

$$x+y=20$$

이 됩니다. 또한 1문제를 맞히면 4점을 얻는데, 민지가 x개를 맞혔으므로 $4x$의 점수를 얻습니다. 또한 1문제를 틀리면 1점을 감점하는데, 민지는 y개를 틀렸으므로 $1 \times y$의 점수를 잃게됩니다. 물론 $1 \times y = y$이지요. 민지의 점수가 60점이므로

$$4x-y=60$$

이 됩니다. 그러므로 위의 두 식을 더하면 x를 구할 수 있고, 그 값을 한 식에 대입하면 y를 구할 수 있습니다.

$$x=16, \ y=4$$

그러므로 민지는 16문제를 맞히고 4문제를 틀렸습니다.
조금 더 복잡한 문제를 봅시다.

디오판토스는 학생들을 계단으로 데리고 갔다. 계단은 아주 길었다. 디오판토스는 지영이와 용진이를 계단 중턱에 세웠다. 그리고 처음 위치에 x 표시를 해 두었다.

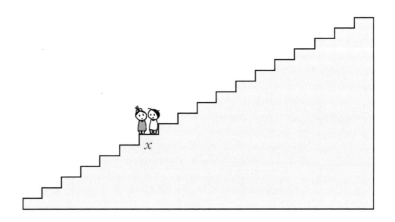

이제 두 사람은 가위바위보를 할 것입니다. 이긴 사람은 2계단을 올라가고, 진 사람은 1계단을 내려가지요.

디오판토스는 지영이와 용진이에게 계속 가위바위보를 하라고 했다. 한참 후 가위바위보를 끝냈을 때 지영이는 원래 위치보다 9계단 올라가 있었고, 용진이는 3계단 올라가 있었다.

지영이가 더 높이 올라가 있으므로 우리는 지영이가 더 많이 이겼다는 것을 알 수 있습니다. 그럼 지영이는 몇 번 이겼고, 용진이는 몇 번 이겼을까요?

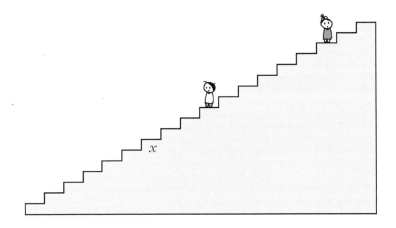

학생들은 지영이와 용진이가 가위바위보를 한 횟수를 기억해 내려고 했다. 하지만 관심을 갖지 않고 보았기 때문에 정작 가위바위보를 한 지영이와 용진이조차 횟수를 몰랐다.

이 문제도 연립방정식을 쓰면 됩니다. 지영이가 이긴 횟수를 x번이라고 하고 용진이가 이긴 횟수를 y번이라고 합시다. 그러므로 지영이가 진 횟수는 y번이고 용진이가 진 횟수는 x번입니다.

먼저 지영이의 경우를 보죠. 지영이는 x번을 이기고 y번을 졌으므로 계단을 $2x$개 올라가고 y개 내려가서 +9계단이 됩니다. 즉,

$$2x - y = 9$$

가 됩니다.

이번에는 용진이를 보죠. 용진이는 y번을 이기고 x번을 졌으므로 계단을 $2y$개 올라가고 x개 내려가서 +3계단이 됩니다. 즉,

$$2y - x = 3$$

이 됩니다. 두 식을 연립하여 풀면

$$x = 7, \ y = 5$$

가 됩니다. 즉, 지영이는 7번을, 용진이는 5번을 이겼습니다.

속력과 관련된 문제

이번에는 속력과 관련된 문제를 풀어 봅시다.

디오판토스는 둘레가 300m인 트랙으로 학생들을 데리고 갔다. 영훈이와 신지에게 각각 모터 킥보드를 주었으나 영훈이에게는 속력

이 좀 더 빠른 것을 주었다. 그러고는 같은 자리에서 출발해서 같은 방향으로 달리게 했다. 두 사람은 출발한 지 1분 후에 다시 만났다. 디오판토스는 다시 두 사람을 같은 장소에서 서로 반대 방향으로 출발시켰다. 두 사람은 출발한 지 20초 후에 다시 만났다.

300m

이제 두 사람이 탄 모터 킥보드의 속력을 연립방정식을 이용하여 구해 봅시다. 우선 영훈이와 신지의 속력을 각각 초속 xm, ym라고 합시다.

우선 같은 방향으로 도는 경우를 봅시다.

영훈이가 빠르니까 영훈이가 1바퀴를 더 달려야 신지와 만나겠군요. 즉, 영훈이와 신지는 1바퀴 차이가 나야 합니다. 이것은 다음과 같이 말할 수 있지요.

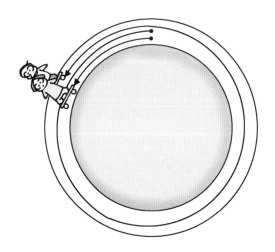

(영훈이가 간 거리)=(신지가 간 거리)+300

영훈이는 60초 동안 x라는 속력으로 갔으므로 이 시간 동안 영훈이가 간 거리는 $60x$가 됩니다. 마찬가지로 신지가 간 거리는 $60y$이지요. 따라서 다음과 같습니다.

$60x = 60y + 300$

이번에는 반대 방향으로 도는 경우를 봅시다.

영훈이와 신지가 간 거리의 합이 1바퀴가 되는군요. 이것은 다음과 같이 말할 수 있습니다.

(영훈이가 간 거리)+(신지가 간 거리)=300

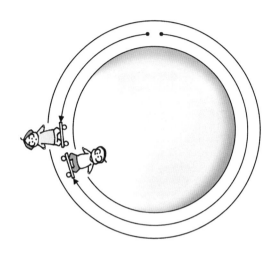

이때 영훈이는 20초 동안 속력 x로 움직였으므로 영훈이가 간 거리는 $20x$가 되고, 마찬가지로 신지가 간 거리는 $20y$가 됩니다. 따라서 다음 식을 얻습니다.

$$20x + 20y = 300$$

두 식을 연립하여 x, y를 구하면

$$x = 10, \; y = 5$$

가 됩니다.

그러므로 영훈이의 모터 킥보드는 초속 10m로 움직이고, 신지의 모터 킥보드는 초속 5m로 움직입니다.

속력에 대한 또 다른 실험을 해 봅시다.

디오판토스는 학생들을 데리고 자동 도로로 갔다. 자동 도로의 길
이는 20m였고 그 속력은 알 수 없었다. 디오판토스는 태호에게 자
동 도로를 따라 걸어가라고 했다. 그리고 학생들에게 걸린 시간을
재 보도록 했다.

시간이 얼마 걸렸나요?
＿2초입니다.

디오판토스는 이번에는 태호에게 자동 도로가 움직이는 방향과 반
대로 걸어오게 하였다. 그리고 학생들에게 걸린 시간을 재 보도록

했다.

시간이 얼마 걸렸나요?

__10초 걸렸습니다.

이제 이 두 실험으로 자동 도로의 속력과 태호가 걷는 속력을 결정할 수 있습니다. 태호가 걸어가는 속력을 초속 xm, 자동 도로의 속력을 초속 ym라고 합시다.

먼저 태호가 자동 도로 방향으로 걸어가는 경우를 봅시다. 이때 태호의 속력은 자동 도로의 속력만큼 커지게 되므로 $(x+y)$가 됩니다. 이 속력으로 2초 동안 움직여 20m를 갔으므로

$$2(x+y) = 20$$

이 됩니다. 이번에는 반대 방향으로 걷는 경우를 봅시다. 이때 태호의 속력은 자동 도로의 속력만큼 줄어들게 되므로 $(x-y)$ 가 됩니다. 이 속력으로 10초 동안 움직여 20m를 갔으므로

$$10(x-y) = 20$$

이 됩니다. 이 두 식을 연립하여 풀면

$$x = 6, \ y = 4$$

가 됩니다. 그러므로 태호가 걷는 속력은 초속 6m이고, 자동 도로의 속력은 초속 4m입니다.

농도와 관련된 문제

이번에는 농도와 관련된 문제를 연립방정식을 이용하여 풀 어 보겠습니다.

디오판토스는 소금물이 들어 있는 2개의 용기 A, B를 가지고 왔다.

용기 A, B에는 서로 다른 농도의 소금물이 들어 있습니다.

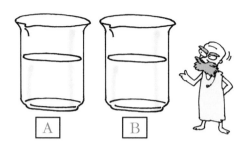

이제 각 용기의 소금물을 섞어 새로운 농도의 소금물을 만들겠습니다.

디오판토스는 용기 A에서 60g을, 용기 B에서 40g을 떠내어 섞어서 새로운 소금물을 만들었다. 새로 만든 소금물을 농도 측정기로 검사했더니 7%가 되었다.

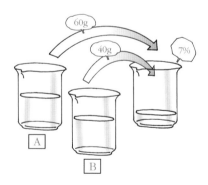

디오판토스는 다시 용기 A에서 40g을, 용기 B에서 60g을 떠내어 섞어서 새로운 소금물을 만들었다. 새로 만든 소금물을 농도 측정

기로 검사했더니 8%가 되었다.

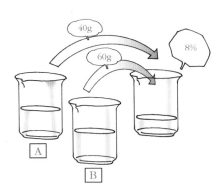

이 두 실험을 통해 용기 A, B에 있는 소금물의 농도를 구할 수 있습니다. 두 농도의 값을 각각 미지수로 놓으면 되겠지요? 용기 A와 B의 소금물의 농도를 각각 x%, y%라고 합시다.

첫 번째 실험을 봅시다. 농도가 x%인 소금물 60g과 농도가 y%인 소금물 40g을 섞어 농도가 7%인 소금물 100g이 되었습니다. 이때 소금의 양은 변하지 않으므로 농도가 x%인 소금물 60g 속의 소금의 양과 농도가 y%인 소금물 40g 속의 소금의 양의 합이 농도가 7%인 소금물 100g 속의 소금의 양이 되어야 합니다.

농도가 7%인 소금물 100g 속의 소금의 양을 □g이라고 하면 농도의 정의로부터

$$7 = \frac{\square}{100} \times 100$$

이 되므로, 농도가 7%인 소금물 100g 속의 소금의 양은 7g 입니다.

농도가 x%인 소금물 60g 속의 소금의 양은 얼마일까요? 이 양을 △라고 하면

$$x = \frac{\triangle}{60} \times 100$$

이 되어 약분하면 $x = \triangle \times \frac{5}{3}$입니다. 양변에 $\frac{3}{5}$을 곱하면 △ $= \frac{3}{5}x$가 됩니다. 즉, 농도가 x%인 소금물 60g 속의 소금의 양은 $\frac{3}{5}x$(g)입니다.

같은 방법으로 농도가 y%인 소금물 40g 속의 소금의 양을 ▽라고 하면

$$y = \frac{\triangledown}{40} \times 100$$

이 되어 약분하면 $y = \triangledown \times \frac{5}{2}$입니다. 양변에 $\frac{2}{5}$를 곱하면 ▽ $= \frac{2}{5}y$가 됩니다. 즉, 농도가 y%인 소금물 40g 속의 소금의 양은 $\frac{2}{5}y$(g)입니다.

이 두 소금의 양을 합치면 7g이므로 다음과 같이 되지요.

$$\frac{3}{5}x + \frac{2}{5}y = 7$$

같은 방법으로 두 번째 실험의 결과를 식으로 쓰면

$$\frac{2}{5}x + \frac{3}{5}y = 8$$

이 됩니다. 두 식을 연립하여 풀면 $x = 5$, $y = 10$이 됩니다.

즉, 용기 A의 소금물의 농도는 5%, 용기 B의 소금물의 농도는 10%이지요.

지니, 나에게 보석을 줘.

흠, 그냥 드리면 심심하니 문제를 맞추면 드리도록 하겠습니다.

이 자루의 무게는 60g이고 총 20개의 루비와 사파이어가 들어 있습니다. 루비의 무게가 4g이고, 사파이어의 무게가 2g이면 루비와 사파이어는 몇 개씩 들어 있을까요?

훗! 연립방정식을 이용하면 되겠군.

루비를 x개, 사파이어를 y개라고 하면 두 보석의 개수의 합은 20이므로 x+y=20이 되고….

$$x+y=20$$

루비의 무게가 4g이니까 루비의 총 무게는 4x, 사파이어의 무게는 2g이니까 사파이어의 총 무게는 2y, 그리고 전체 보석의 무게는 60g이라고 했으니 이런 식이 성립되겠군.

$$x+y=20$$
$$4x+2y=60$$

이제 이 두 식에서 x, y를 구하기만 하면 되겠군. 먼저 첫 번째 식에 4를 곱하고 두 식을 빼면….

$$\begin{array}{r} 4x+4y=80 \\ -)\ 4x+2y=60 \\ \hline 2y=20 \end{array}$$

y=10이군. 그리고 이걸 식에 넣어서 풀면 x도 10이 되는군.

답은 루비도 사파이어도 모두 10개야.

흠, 맞았어요. 보석을 주도록 하죠.

이차방정식 풀어 보기

차수가 2인 방정식은 어떻게 풀까요?
이차방정식의 풀이법에 대해 자세히 알아봅시다.

여섯 번째 수업

이차방정식 풀어 보기

교.   중등 수학 1-1   Ⅲ. 문자와 식
과.   중등 수학 2-1   Ⅲ. 방정식
연.   중등 수학 3-1   Ⅱ. 식의 계산
            Ⅲ. 이차방정식
계.   고등 수학 1-1   Ⅲ. 방정식과 부등식

디오판토스는 점점 실력이 느는
학생들을 흐뭇하게 바라보며
여섯 번째 수업을 시작했다.

이차방정식은 x의 이차항을 포함하는 방정식입니다. 예를
들면 다음과 같은 방정식이지요.

$$x^2 + 3x + 2 = 0$$

오늘은 이차방정식을 풀어보겠습니다. 이차방정식을 풀기
위해서 먼저 다음 식을 생각해 봅시다.

$$AB = 0$$

두 식 A와 B의 곱이 0입니다. A=0, B=1을 넣으면 $0 \times 1 = 0$

이 됩니다. 이때 A=0이면 B가 어떤 수가 되어도 AB=0입니다.

A=1, B=0을 넣으면 1×0=0이 됩니다. 이때 B=0이면 A가 어떤 수가 되어도 AB=0입니다.

A=0, B=0을 넣으면 0×0=0이 됩니다. A=1, B=1을 넣으면 1×1=1이 됩니다.

네 경우를 살펴보면 A가 0이거나 B가 0이면 AB가 0이 된다는 것을 알 수 있습니다. 다음과 같이 정리할 수 있습니다.

AB=0이면 A=0 또는 B=0

이것은 이차방정식의 해를 구할 때 가장 중요한 식입니다.

전개 공식

이차방정식의 해를 구하기 위해서는 몇 가지 공식을 알아야 합니다.

먼저 다음 공식을 봅시다.

$$(a+b)(c+d)=ac+bc+ad+bd \cdots\cdots (1)$$

이것은 일반적인 분배 법칙으로 이렇게 괄호를 풀어 펼치는 것을 전개라고 합니다.

이 식은 다음과 같이 증명할 수 있습니다. $(a+b)=K$ 라고 하면 주어진 식은

$$(a+b)(c+d) = K(c+d) = Kc + Kd$$
$$Kc = (a+b)c = ac + bc$$
$$Kd = (a+b)d = ad + bd$$

이므로 $(a+b)(c+d) = ac + bc + ad + bd$ 가 성립한다는 것을 알 수 있습니다.

이 공식을 이용하면 다음 공식을 만들 수 있습니다.

$$(a+b)(a-b) = a^2 - b^2 \quad \cdots\cdots (2)$$

이 공식을 증명해 봅시다. 이 식의 좌변을 공식 (1)을 사용하면

$$(a+b)(a-b) = a^2 - ab + ba - b^2$$

이 됩니다. $ab = ba$ 이므로 이 식은 $(a+b)(a-b) = a^2 - b^2$ 이 되지요.

디오판토스는 학생들에게 201×199를 계산하라고 했다. 학생들은 연습장을 꺼내 계산을 하기 시작했다.

$$201 \times 199 = ?$$

계산할 필요가 없어요. 공식 (2)에 $a=200$, $b=1$을 넣어 보세요.

$$(200+1) \times (200-1) = 200^2 - 1^2$$

이 됩니다. $200+1=201$, $200-1=199$이고 $200^2 = 40000$이므로 $201 \times 199 = 39999$가 됩니다. 이렇게 공식 (2)를 이용하여 복잡한 곱셈을 간단하게 계산할 수 있습니다.

이번에는 다음 공식을 봅시다.

$$(a+b)^2 = a^2 + 2ab + b^2 \ \cdots\cdots (3)$$

이 식도 공식 (1)을 이용하여 증명할 수 있습니다.

$$(a+b)^2 = (a+b) \times (a+b)$$
$$(a+b)^2 = a^2 + ab + ba + b^2$$

이때 $ab = ba$이므로, $(a+b)^2 = a^2 + 2ab + b^2$이 됩니다.

이 공식을 이용하면 21^2을 간단하게 계산할 수 있습니다.

공식 (3)에 $a = 20$, $b = 1$을 넣으면

$$21^2 = (20+1)^2 = 20^2 + 2 \times 20 \times 1 + 1^2 = 441$$

이 됩니다.

이차방정식의 풀이

이제 이차방정식을 풀어 보도록 하죠. 예를 들어 다음 이차방정식을 봅시다.

$$x^2 - 4 = 0$$

$4 = 2^2$이므로 위 식은 $x^2 - 2^2 = 0$이 되고 공식 (2)를 사용하면 다음과 같이 됩니다.

$$(x+2)(x-2)=0$$

이렇게 이차식을 2개의 일차식의 곱으로 나타내는 것을 인수분해라고 하고, 각각의 일차식을 인수라고 합니다. 그러니까 (x^2-4)의 인수는 $(x-2)$와 $(x+2)$입니다. 즉, 위 식은 $(x+2)$와 $(x-2)$의 곱이 0이라는 것을 의미하므로 $x+2=0$ 또는 $x-2=0$이 되어야 합니다.

그러므로 $x=-2$ 또는 $x=2$가 되지요. 이것이 바로 이차방정식 $x^2-4=0$의 근입니다.

이와 같이 이차방정식의 근은 2개가 생깁니다.

다음 이차방정식을 봅시다.

$$x^2+5x+6=0$$

이 방정식에서 $5=2+3$이므로 위 식은

$$x^2+(2+3)x+6=0$$

이라고 쓸 수 있고 분배 법칙을 이용하면

$$x^2+2x+3x+6=0$$

이 됩니다. $x^2=x\times x$, $2x=x\times2$이므로

$$x^2 + 2x = x \times x + x \times 2 = x(x+2)$$

가 되고 $3x + 6 = 3(x+2)$이므로 주어진 방정식은

$$x(x+2) + 3(x+2) = 0$$

이 됩니다. 공식 (1)을 이용하면 이 식은

$$(x+3)(x+2) = 0$$

이 되지요. 이것은 $x+3=0$ 또는 $x+2=0$을 의미하므로, 이 방정식의 근은 $x = -3$ 또는 $x = -2$가 됩니다.

방정식 $x^2 + 5x + 6 = 0$의 풀이를 좀 더 쉽게 알아봅시다.

각 항들을 직사각형의 넓이와 연결지어 생각해 봅시다. x^2은 한 변의 길이가 x인 정사각형의 넓이입니다. 또한 $5x$는 가로가 5, 세로가 x인 직사각형의 넓이입니다.

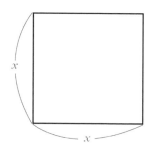

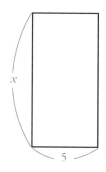

또한 6은 1의 6배이므로 한 변의 길이가 1인 정사각형 6개
의 넓이입니다.

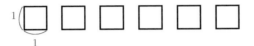

따라서 x^2+5x+6은 우리가 구한 직사각형들의 넓이를 합
한 것입니다.

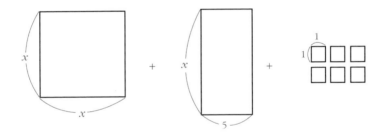

이때 가운데 도형을 $3x$, $2x$의 넓이를 가진 두 직사각형으
로 나눕시다.

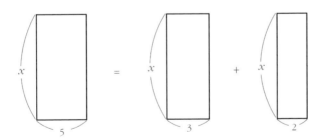

이제 다음 그림과 같이 자른 도형들을 붙여 봅시다.

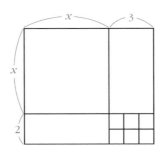

어랏! 가로가 $(x+3)$이고 세로가 $(x+2)$인 직사각형이 되었군요. 그러므로

$$x^2+5x+6=(x+3)(x+2)$$

가 됨을 알 수 있습니다.

일반적으로 이차방정식 $x^2+\mathrm{A}x+\mathrm{B}=0$을 $(x+\square)(x+\triangle)=0$으로 바꾸려면 $\square+\triangle=\mathrm{A}$, $\square\times\triangle=\mathrm{B}$인 두 수 $\square$, $\triangle$를 찾으면 됩니다.

예를 들어 $x^2+6x+8=0$에서 $2+4=6$이고 $2\times4=8$이므로 $(x+2)(x+4)=0$으로 바꿀 수 있게 되어 근은 $x=-2$ 또는 $x=-4$가 됩니다.

이번에는 계수가 음수인 경우를 봅시다.

예를 들어 $x^2-3x+2=0$을 보지요. $(-1)+(-2)=-3$이고

$(-1) \times (-2) = 2$이므로 이 식은 $(x+(-1))(x+(-2)) = 0$이 되어 다음과 같이 되지요.

$(x-1)(x-2) = 0$

그러므로 이 방정식의 근은 $x = 1$ 또는 $x = 2$가 됩니다.
마지막으로 하나의 예를 더 들어 봅시다.
다음 이차방정식을 봅시다.

$x^2 + 2x - 8 = 0$

$(-2) + 4 = 2$이고 $(-2) \times 4 = -8$이므로 주어진 방정식은 $(x+(-2))(x+4) = 0$이 됩니다.

이 식을 정리하면

$(x-2)(x+4) = 0$

이 되어 근은 $x = 2$ 또는 $x = -4$가 되지요.
이렇게 이차방정식은 2개의 일차식의 곱으로 인수분해하여 풀 수 있답니다.

선생님, 일차방정식이 아닌 다른 방정식은 어떻게 생겼나요?

허허, 오랜만에 좋은 질문을 하는군요.

하나의 항에서 어떤 문자들의 곱해진 개수를 차수라고 하지요. 그렇다면 하나의 항에 x라는 문자가 2번 곱해진 이런 방정식은 어떨까요?

$x^2 - 4 = 0$

x가 2번 곱해져 있으니까 이차방정식인가요?

그래요. x가 2번 곱해진 이차방정식이랍니다. 이런 이차방정식은 인수분해를 하면 쉽게 풀 수 있어요. 우선 $4 = 2^2$이므로 식을 $x^2 - 2^2 = 0$으로 표현할 수 있는 건 알겠죠?

그리고 인수분해 공식 중 $a^2 - b^2 = (a+b)(a-b)$를 이용하면 $x^2 - 2^2 = 0$을 $(x+2)(x-2) = 0$이라는 일차식의 곱으로 나타낼 수가 있어요. 이렇게 높은 차수나 복잡한 다항식을 간단한 식의 곱으로 나타내는 것을 인수분해라고 하고, 각각의 식을 인수라고 한답니다. 그러니까 $(x^2 - 4)$의 인수는 $(x-2)$와 $(x+2)$가 되지요.

인수요? 후후, 내 친구 이름이랑 똑같네요.

인수분해한 식 $(x+2)(x-2) = 0$은 $(x+2)$와 $(x-2)$의 곱이 0이라는 것을 의미하므로 $x+2 = 0$ 또는 $x-2 = 0$이 되는 $x = -2$ 또는 $x = 2$가 이 방정식의 근이 된다는 걸 알 수 있답니다.

그럼 답이 2개란 건가요?

물론입니다. 이차방정식은 2개의 일차식의 곱으로 인수분해하여 풀 수가 있어 2개의 근이 생기는 것이 대부분이지요.

일차방정식보다 2배로 어렵네요.

7

이차방정식의
근의 공식

인수분해되지 않는 이차방정식은 어떻게 풀까요?
이차방정식의 근의 공식에 대해 알아봅시다.

이차방정식의
근의 공식

교.　중등 수학 1-1　Ⅲ. 문자와 식
과.　중등 수학 2-1　Ⅲ. 방정식
연.　중등 수학 3-1　Ⅰ. 제곱근과 실수
　　　　　　　　　　Ⅱ. 식의 계산
계.　　　　　　　　　Ⅲ. 이차방정식
　　　고등 수학 1-1　Ⅲ. 방정식과 부등식

디오판토스는 인수분해할 수 없는
이차방정식도 근을 구할 수 있다며
일곱 번째 수업을 시작했다.

오늘은 이차방정식의 근을 구하는 일반적인 방법에 대해
알아보겠습니다.

우선 다음과 같은 이차방정식을 봅시다.

$$x^2 - 2 = 0$$

이 방정식의 근은 무엇일까요?

이 식을 다시 쓰면 $x^2 = 2$입니다. 그러므로 제곱을 하여 2
가 되는 수를 찾으면 됩니다.

그런데 제곱을 하여 2가 되는 수가 있을까요? 물론 있습니다. 이것을 $\sqrt{2}$라고 하고 2의 제곱근이라고 부릅니다. 그러니까 $(\sqrt{2})^2 = 2$가 되지요.

그러므로 주어진 방정식은

$$x^2 - (\sqrt{2})^2 = 0$$

이 되고 인수분해하면

$$(x + \sqrt{2})(x - \sqrt{2}) = 0$$

이 되므로 이 방정식의 두 근은 $x = -\sqrt{2}$ 또는 $x = +\sqrt{2}$ 가 됩니다. 이것을 간단히 줄여서 $x = \pm\sqrt{2}$ 라고 쓰지요. 여기서 $\pm$는 복부호라고 하는데 + 또는 −라는 것을 의미합니다.

근의 공식

이제 이차방정식의 일반적인 해를 구해 봅시다. 다음과 같은 이차방정식을 봅시다.

$$ax^2 + bx + c = 0 \ (a \neq 0)$$

여기서 a를 양수라고 합시다. 양변을 a로 나누어 주면

$$x^2 + \frac{b}{a}x + \frac{c}{a} = 0$$

이 됩니다. 여기서 $\frac{b}{a} = 2 \times \frac{1}{2} \times \frac{b}{a} = 2 \times \frac{b}{2a}$ 라고 쓸 수 있습니다. 그러므로 주어진 방정식은 다음과 같이 됩니다.

$$x^2 + 2 \times \frac{b}{2a}x + \frac{c}{a} = 0$$

이 식에 $\left(\frac{b}{2a}\right)^2$ 을 더했다 뺍시다. 그러면

$$x^2 + 2 \times \frac{b}{2a}x + \left(\frac{b}{2a}\right)^2 - \left(\frac{b}{2a}\right)^2 + \frac{c}{a} = 0$$

이 됩니다. 여기서 $x^2 + 2 \times \frac{b}{2a}x + \left(\frac{b}{2a}\right)^2$ 을 봅시다. x를 □, $\frac{b}{2a}$를 △라고 하고 위 식을 다시 쓰면

$$□^2 + 2 \times △ \times □ + △^2$$

이 됩니다. 이것과 여섯 번째 수업의 공식 (3)을 비교하면

$$□^2 + 2 \times △ \times □ + △^2 = (□ + △)^2$$

이 되므로

$$x^2 + 2 \times \frac{b}{2a}x + \left(\frac{b}{2a}\right)^2 = \left(x + \frac{b}{2a}\right)^2$$

입니다. 그러므로 주어진 이차방정식은

$$\left(x + \frac{b}{2a}\right)^2 - \left(\frac{b}{2a}\right)^2 + \frac{c}{a} = 0$$

이 됩니다. 이 식에서 $-\left(\frac{b}{2a}\right)^2 + \frac{c}{a}$ 를 우변으로 이항하면

$$\left(x + \frac{b}{2a}\right)^2 = \left(\frac{b}{2a}\right)^2 - \frac{c}{a}$$

가 됩니다. 여기서 $\left(\frac{b}{2a}\right)^2$ 은 어떻게 될까요? 제곱의 정의를 이용하면 $\left(\frac{b}{2a}\right)^2 = \frac{b}{2a} \times \frac{b}{2a}$ 입니다. 즉, 분수의 곱셈에서 분모는 분모끼리, 분자는 분자끼리 곱하므로 $\left(\frac{b}{2a}\right)^2 = \frac{b^2}{4a^2}$ 이 됩니다.

다시 주어진 이차방정식은

$$\left(x + \frac{b}{2a}\right)^2 = \frac{b^2}{4a^2} - \frac{c}{a}$$

가 됩니다. 우변을 통분해야겠군요. $\dfrac{c}{a}$의 분모, 분자에 $4a$를 똑같이 곱해 줍시다. 그러면 우변은 다음과 같이 통분되지요.

$$(우변) = \frac{b^2}{4a^2} - \frac{4ac}{4a^2} = \frac{b^2-4ac}{4a^2}$$

이제 이차방정식은 다음 꼴이 됩니다.

$$\left(x + \frac{b}{2a}\right)^2 = \frac{b^2-4ac}{4a^2}$$

여기서 $\left(x + \dfrac{b}{2a}\right)$를 □로, $\dfrac{b^2-4ac}{4a^2}$를 △로 생각하면 위 식은 $□^2 = △$가 됩니다. 이것은 $x^2 = 2$의 꼴입니다. $x^2 = 2$를 풀면 $x = \pm\sqrt{2}$이듯이 이 식은 $□ = \pm\sqrt{△}$와 같이 풀립니다.

그러므로 주어진 이차방정식을 풀면 다음과 같습니다.

$$x + \frac{b}{2a} = \pm\sqrt{\frac{b^2-4ac}{4a^2}}$$

학생들은 거듭되는 수식에 조금은 힘들어했지만, 디오판토스가 차근차근 설명해 주어서 잘 따라갈 수 있었다.

이제 이 식에서 $\sqrt{\dfrac{b^2-4ac}{4a^2}}$ 를 조금 간단히 하겠습니다. $\sqrt{}$

안에 제곱수가 있으면 벗겨집니다. 예를 들어

$$\sqrt{4} = \sqrt{2^2} = 2$$
$$\sqrt{9} = \sqrt{3^2} = 3$$
$$\sqrt{25} = \sqrt{5^2} = 5$$

가 되지요. 그렇다면

$$\sqrt{\dfrac{9}{4}} = \sqrt{\left(\dfrac{3}{2}\right)^2} = \dfrac{3}{2}$$

이 됩니다. 그런데 이때 분모의 2는 $\sqrt{4}$이고 분자의 3은 $\sqrt{9}$입니다. 그러므로 $\sqrt{\dfrac{9}{4}} = \dfrac{\sqrt{9}}{\sqrt{4}}$가 성립합니다. 이 성질을 $\sqrt{\dfrac{b^2-4ac}{4a^2}}$에 적용하면

$$\sqrt{\frac{b^2-4ac}{4a^2}} = \frac{\sqrt{b^2-4ac}}{\sqrt{4a^2}}$$

가 됩니다. 여기서 $\sqrt{4a^2} = \sqrt{(2a)^2} = \pm 2a$가 되므로

$$\frac{\sqrt{b^2-4ac}}{\sqrt{(2a)^2}} = \pm\,\frac{\sqrt{b^2-4ac}}{2a}$$

가 됩니다. 이제 정리해 놓은 식

$$x + \frac{b}{2a} = \pm\sqrt{\frac{b^2-4ac}{4a^2}}$$

의 좌변에 있는 $\dfrac{b}{2a}$를 우변으로 이항하면

$$x = -\frac{b}{2a} \pm \frac{\sqrt{b^2-4ac}}{2a}$$

가 되지요. 분모가 같군요. 그러므로 하나의 분모로 쓰면

$$x = \frac{-b \pm \sqrt{b^2 - 4ac}}{2a}$$

가 됩니다. 지금까지 유도한 내용을 정리하면 이차방정식 $ax^2 + bx + c = 0(a \neq 0)$의 두 근은 다음과 같이 구할 수 있습니다.

$$x = \frac{-b \pm \sqrt{b^2 - 4ac}}{2a}$$

입니다. 그러므로 주어진 이차방정식의 a, b, c 값을 알기만 하면 우리는 언제든지 두 근을 구할 수 있습니다. 이것을 이차방정식의 근의 공식이라고 합니다.

여기서 복부호는 +이거나 −인 경우를 말하므로 2개의 근임을 알 수 있습니다.

우리는 앞에서 $x^2 + 5x + 6 = 0$의 두 근이 $x = -2$ 또는 $x = -3$이라는 것을 배웠습니다. 이 방정식의 근을 근의 공식을 써서 구해 보겠습니다.

$x^2 + 5x + 6 = 0$과 $ax^2 + bx + c = 0$을 비교하면 $a = 1$, $b = 5$, $c = 6$입니다. 이것을 근의 공식에 넣으면

$$x = \frac{-5 \pm \sqrt{5^2 - 4 \times 1 \times 6}}{2 \times 1}$$

이 됩니다. 여기서 $\sqrt{5^2 - 4 \times 1 \times 6} = \sqrt{1} = 1$이므로 주어진 식은 $x = \frac{-5 \pm 1}{2}$이 됩니다. 복부호에서 + 부호를 사용하면

$$x = \frac{-5 + 1}{2} = \frac{-4}{2} = -2$$

가 되고, 복부호에서 − 부호를 사용하면

$$x = \frac{-5 - 1}{2} = \frac{-6}{2} = -3$$

이 됩니다. 그러므로 $x = -2$ 또는 $x = -3$이 근이 됩니다. 물론 이 방정식은 인수분해를 이용하는 것이 편리합니다. 하지만 인수분해를 할 수 없는 경우도 있습니다.

예를 들어, 다음 이차방정식을 봅시다.

$$x^2 + 3x + 1 = 0$$

두 수를 더해 3이 되고 곱해서 1이 되는 수가 있나요? 없습니다. 그러므로 이 식은 인수분해가 되지 않습니다. 하지만

우리는 이제 근의 공식을 써서 근을 구할 수 있습니다.

$x^2+3x+1=0$은 $a=1$, $b=3$, $c=1$을 의미합니다. 그러므로 근의 공식을 쓰면

$$x = \frac{-3 \pm \sqrt{3^2-4\times1\times1}}{2\times1} = \frac{-3 \pm \sqrt{5}}{2}$$

가 됩니다. 그러므로 주어진 방정식의 근은

$$x = \frac{-3-\sqrt{5}}{2} \text{ 또는 } x = \frac{-3+\sqrt{5}}{2}$$

입니다.

8

이차방정식을
사용하는 문제

식을 세우다 보면 미지수의 제곱이 나타날 수 있습니다.
이차방정식을 사용하는 문제를 알아봅시다.

이차방정식을
사용하는 문제

교.	중등 수학 1-1	Ⅲ. 문자와 식
과.	중등 수학 2-1	Ⅲ. 방정식
연.	중등 수학 2-2	Ⅳ. 도형의 닮음
계.	중등 수학 3-1	Ⅱ. 식의 계산
		Ⅲ. 이차방정식
	고등 수학 1-1	Ⅲ. 방정식과 부등식

디오판토스가
종이와 테이프를 가지고 들어와
여덟 번째 수업을 시작했다.

오늘은 이차방정식을 이용하여 푸는 문제를 몇 개 다루어
보도록 하겠습니다.

문제의 조건 속에서 미지수의 제곱이 나타나는 경우가 되
겠지요.

디오판토스는 가로가 10cm이고
세로가 8cm인 종이에 폭을 알
수 없는 테이프를 십자가 모양
으로 붙였다.

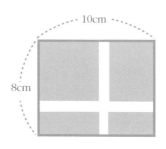

테이프를 붙이지 않은 부분의 넓이가 24cm²라고 합시다. 그럼 테이프의 폭의 길이를 구할 수 있답니다.

테이프를 붙이지 않은 부분은 전체에서 십자가 부분을 뺀 것입니다.

십자가 부분은 다음과 같습니다.

여기서 정사각형은 가로 테이프와 세로 테이프에 공통으로 사용되었기 때문에 1번을 빼 준 것입니다. 그러므로 구하는 넓이를 다음 그림으로 나타낼 수 있습니다.

이것을 x를 이용하여 쓰면

$$24 = 10 \times 8 - (10x + 8x - x^2)$$

이 됩니다. 이 식을 정리하면

$$24 = 80 - 18x + x^2, \ x^2 - 18x + 56 = 0$$

이 됩니다. 여기서 $(-4) + (-14) = -18$이고, $(-4) \times (-14) = 56$이므로 인수분해하면

$$(x - 4)(x - 14) = 0$$

이 되어 이를 풀면 $x = 4$ 또는 $x = 14$가 됩니다.

그런데 $x = 14$라면 테이프의 폭이 14cm가 되어 원래 직사각형의 변의 길이보다 깁니다. 그런 일은 있을 수 없겠지요? 그러니까 $x = 14$는 버립니다. 그럼 남는 것은 $x = 4$이지요? 따라서 테이프의 폭의 길이는 4cm입니다.

근의 공식을 사용하여 x를 구해도 동일합니다.

$$x = \frac{-(-18) \pm \sqrt{(-18)^2 - 4 \times 1 \times 56}}{2 \times 1} = \frac{18 \pm 10}{2}$$

$$x = 14 \ \text{또는} \ x = 4$$

디오판토스는 다음과 같이 이루어진 성으로 학생들을 데리고 갔다. 성은 정사각형 모양이었고, 각 성벽의 가운데에는 문이 하나씩 있었다. 그리고 북문에서 3km 북쪽에는 멋진 탑이 세워져 있다. 성벽이 탑보다 높았다.

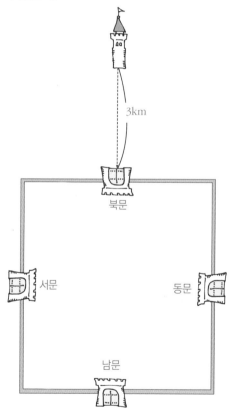

디오판토스는 은경이를 남문에서 남쪽으로 4km까지 데리고 갔다. 그리고 서쪽으로 탑이 보일 때까지 걸어가라고 했다. 은경이는 서쪽으로 3km 간 후 탑이 보인다고 말했다.

자, 그럼 이 성의 한 변의 길이는 얼마일까요?

학생들은 막막해하는 표정이었다. 물론 은경이도 그랬다.

이 문제는 닮음과 이차방정식을 이용하면 됩니다. 우선 물체가 보이는 조건과 보이지 않는 조건을 그려 봅시다. 아래 그림처럼 물체와 사람 사이에 가리는 것이 없어야 보입니다.

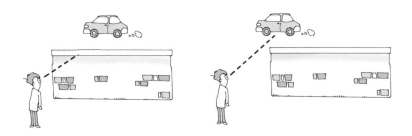

이제 성벽의 한 변의 길이를 $x$km라고 하고 주어진 조건을 그림으로 그려 봅시다.

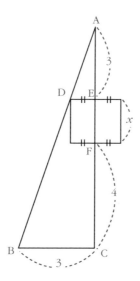

그림에서 A는 탑의 위치, B는 탑이 보이는 은경이의 위치, E는 북문, F는 남문을 나타냅니다. 삼각형 ADE와 삼각형 ABC는 닮음이니까 닮음비를 이용하면 $\overline{DE} = \dfrac{x}{2}$이므로

$$3 : \frac{x}{2} = (3+x+4) : 3$$

이 됩니다. 이 식을 정리하면

$$\frac{x}{2}(3+x+4) = 3 \times 3$$

이고, 양변에 2를 곱하면

$$x(x+7) = 18$$

$$x^2 + 7x - 18 = 0$$

이 되므로 이 식을 인수분해하면 다음과 같습니다.

$$(x+9)(x-2) = 0$$

따라서 $x = -9$ 또는 $x = 2$입니다. 그런데 x는 성벽의 길이 이므로 양수입니다. 그러므로 $x = 2$만이 가능합니다. 즉, 성벽 의 길이는 2km입니다.

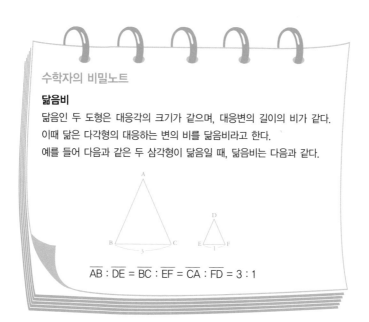

수학자의 비밀노트

닮음비

닮음인 두 도형은 대응각의 크기가 같으며, 대응변의 길이의 비가 같다.
이때 닮은 다각형의 대응하는 변의 비를 닮음비라고 한다.
예를 들어 다음과 같은 두 삼각형이 닮음일 때, 닮음비는 다음과 같다.

$$\overline{AB} : \overline{DE} = \overline{BC} : \overline{EF} = \overline{CA} : \overline{FD} = 3 : 1$$

이 꽃밭은 가로가 10m, 세로가 8m예요. 그런데 폭을 알 수 없는 길을 십자가 모양으로 냈을 때, 꽃이 심어진 부분의 넓이가 24㎡라면 길의 폭은 얼마일까요?

난 그냥 산책하는 줄 알았는데….

음, 이차방정식을 이용하여 구할 수 있어요. 이 문제는 식에서 미지수의 제곱이 나타나는 경우예요.

우아~.

맞아요.
함께 해결해 볼까요?

전체에서 십자가 부분을 빼면 꽃이 심어진 부분이네요.

십자가 부분은 가로, 세로의 길을 낼 때 공통으로 사용된 부분이 있으니까 한 번만 빼 줘야 해요.

그렇지요.

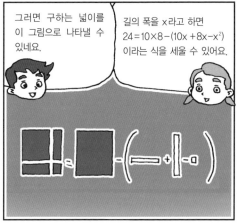

그러면 구하는 넓이를 이 그림으로 나타낼 수 있네요.

길의 폭을 x라고 하면
$24 = 10 \times 8 - (10x + 8x - x^2)$
이라는 식을 세울 수 있어요.

이 식을 정리하면 $24 = 80 - 18x + x^2$이 되고 그래서 $x = 4$ 또는 $x = 14$가 되요.

그런데 $x = 14$라면 길의 폭이 14m가 되어 꽃밭의 변의 길이보다 길잖아?

$$24 = 10 \times 8 - (10x + 8x - x^2)$$
$$24 = 80 - 18x + x^2$$
$$x^2 - 18x + 56 = 0$$
$$(x-4)(x-14) = 0$$
$$x = 4 \text{ 또는 } x = 14$$

그럼 길의 폭은 4m예요.

아주 잘 풀었어요!

이제 꽃향기를 마음껏 맡아 볼까?

황금비

가장 아름다운 가로와 세로의 비율은 얼마일까요?
황금비에 대해 알아봅시다.

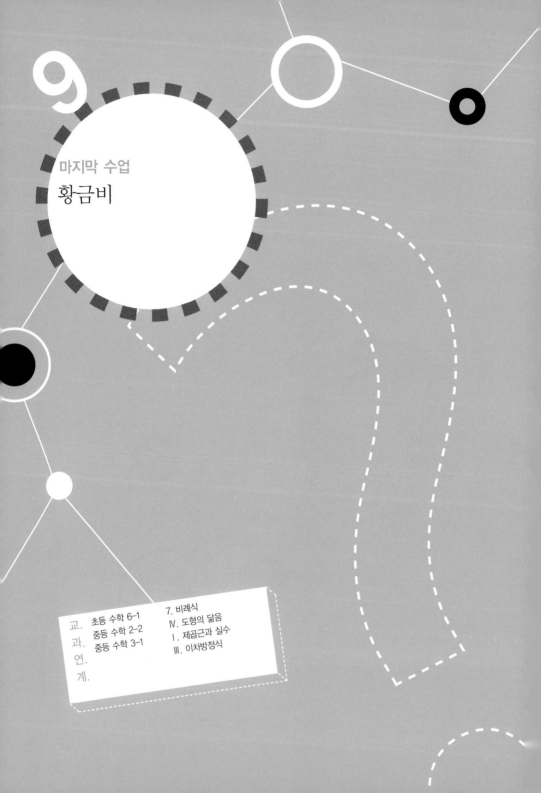

9

마지막 수업
황금비

교. 초등 수학 6-1   7. 비례식
과. 중등 수학 2-2   Ⅳ. 도형의 닮음
연. 중등 수학 3-1   Ⅰ. 제곱근과 실수
계.   Ⅲ. 이차방정식

디오판토스는 학생들이 방정식이
얼마나 중요한지 깨닫기를 바라며
마지막 수업을 시작했다.

디오판토스는 복사지 1장을 들고 와서 가로와 세로의 비를 구하라

고 했다. 학생들은 자로 열심히 가로와 세로의 길이를 재었다.

가로와 세로의 길이의 비가 얼마죠?

__1.6 : 1 정도입니다.

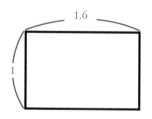

디오판토스는 세로의 길이를 한 변으로 하는 정사각형 부분을 잘라 내라고 했다. 그리고 남은 직사각형을 세로가 위로 오도록 놓았다. 그리고 가로와 세로의 길이의 비를 구하라고 했다.

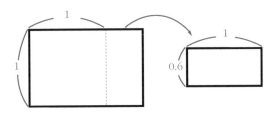

가로와 세로의 길이의 비가 얼마죠?

__1.6 : 1 정도입니다.

학생들은 자신들이 얘기하고도 깜짝 놀란 표정이었다. 자르기 전과 같은 비율이 되었기 때문이었다.

복사지에는 재미있는 수학이 숨어 있지요. 복사지에서 작은 변의 길이가 되는 정사각형 부분을 잘라내고 남은 부분은, 잘라 내기 전의 복사지의 가로와 세로의 비율과 항상 같아지지요. 이런 비율을 황금비라고 하는데, 옛날 그리스 사람들은 이 비율이 가장 아름다운 가로와 세로의 비율이라고 생각했답니다.

이제 황금비를 이차방정식을 이용해 구해 봅시다.

처음 직사각형의 세로의 길이를 1cm, 가로의 길이를 $x$cm라고 합시다.

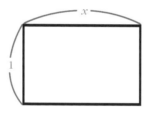

여기서 한 변의 길이가 1cm인 정사각형을 잘라내면 다음과 같지요.

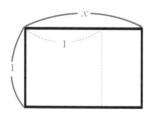

남아 있는 직사각형과 처음 직사각형이 닮음을 이룰 때 $x:1$ 이 황금비입니다.

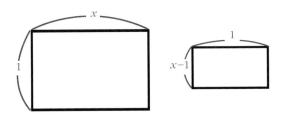

그러므로 $x:1=1:x-1$이 됩니다. 이 식을 풀면 $x(x-1)=1$이 되고, 정리하면

$$x^2 - x - 1 = 0$$

이 됩니다. 이때 근의 공식을 쓰면

$$x = \frac{-(-1) \pm \sqrt{(-1)^2 - 4 \times 1 \times (-1)}}{2 \times 1} = \frac{1 \pm \sqrt{5}}{2}$$

가 됩니다. 그런데 $\sqrt{5}$를 계산기로 눌러 보면 약 2.2이므로, $\frac{1-\sqrt{5}}{2}$는 음수가 되어 직사각형의 한 변의 길이가 될 수 없습니다. 그러므로 $x = \frac{1+\sqrt{5}}{2}$입니다.

따라서 구하는 황금비는 $\dfrac{1+\sqrt{5}}{2}$: 1입니다. 여기서 $\sqrt{5}$의 근

삿값 2.2를 넣으면 이 비율은 1.6 : 1 정도가 되지요.

선생님, 제가 정말 신기한 걸 발견했어요! 이 종이의 가로와 세로의 길이의 비는 1.6 : 1이에요.

또 무슨 엉뚱한 소리를 하려고 그래?

계속 말해 보세요.

그런데 이 종이에서 정사각형 부분을 잘라내고 남은 직사각형의 가로와 세로의 길이의 비를 구해도 항상 1.6 : 1이 돼요.

정말? 진짜 신기하다.

그런 비율을 가장 아름다운 비율이라는 뜻으로 황금비라고 하지요.

엥? 알고 계셨어요?

하하, 이차방정식을 이용해서 황금비를 구해 볼까요? 처음 직사각형의 세로를 1cm, 가로를 x cm라고 하고 한 변의 길이가 1cm인 정사각형을 잘라내면 다음과 같지요.

남아 있는 직사각형과 처음 직사각형이 닮음을 이룰 때 x : 1이 바로 황금비랍니다.

그럼 $x : 1 = 1 : (x-1)$이 되네요.

식을 풀면 $x = \dfrac{1 \pm \sqrt{5}}{2}$ 입니다. 그런데 음수는 변의 길이가 될 수 없으므로 $x = \dfrac{1 + \sqrt{5}}{2}$ 입니다.

$$x(x-1) = 1$$
$$x^2 - x - 1 = 0$$
$$x = \frac{1 \pm \sqrt{5}}{2}$$

따라서 구하는 비율은 $x = \dfrac{1 + \sqrt{5}}{2}$: 1이에요. 여기에 $\sqrt{5}$의 근사값 2.2를 넣으면 이 비율은 1.6 : 1, 즉 황금비가 되지요.

역시 수학의 해결 방법은 여러 가지야. 멋져요.

맞아, 맞아.

수사반장 이쿠스

이 글은 저자가 창작한 동화입니다.

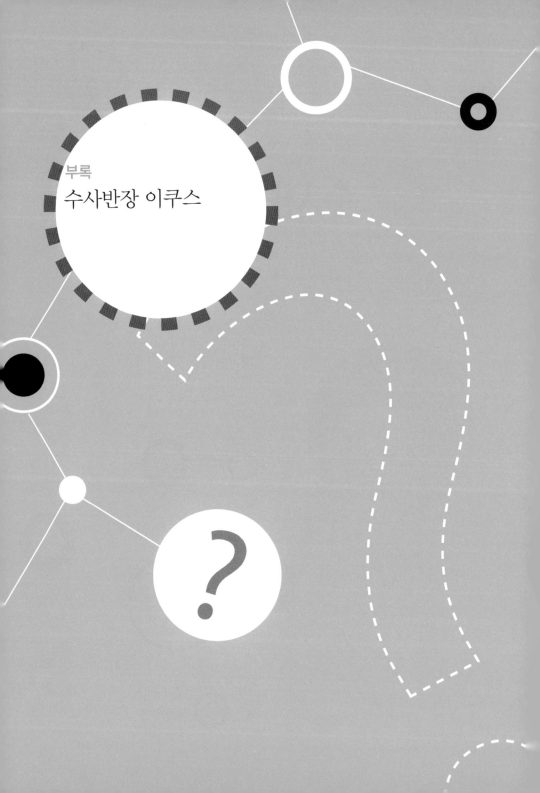

부록

수사반장 이쿠스

2010년 어느 날 오후 1시 1분.

따르르릉.

119의 전화벨이 울렸습니다.

"도와주세요. 사람이 죽었어요."

겁에 질린 젊은 여자의 목소리가 119 교환원의 귀에 들렸습니다.

"주소를 얘기하세요."

교환원이 말했습니다.

"여긴 반도체 빌딩 10층에 있는 SS 반도체의 세미콘 박사 연구실입니다. 저는 박사님의 비서인 루지아랍니다. 그런데 박사님이 갑자기 쓰러지셨어요. 빨리 좀 와 주세요."

루지아가 다급하게 구조 요청을 했습니다. 119 교환원이 경찰서에 연락하여 곧바로 현장으로 출동하게 했습니다.

현장에는 경찰청의 수사반장 이쿠스가 도착해 있었습니다. 그는 죽은 세미콘 박사의 시신 주변을 수색했습니다.

"에릭 형사, 증거를 하나도 남기지 말고 수집하게."

이쿠스 반장이 20대 중반의 에릭 형사에게 지시했습니다. 에릭 형사는 비닐 장갑을 끼고 시신 주변에서 증거가 될 만한 모든 것을 수거했습니다.

이미 세미콘 박사의 시신은 사인 분석을 위해 국립과학수사연구소로 보내진 후였습니다. 이쿠스 반장은 창가로 가서 밖을 내다보며 생각에 잠겼습니다.

"세미콘 박사라면 세계 최초로 고집적 메모리칩을 발명한 사람이야. 이런 사람이 자살을 할 이유는 없고……. 자살이라면 유서라도 남길 텐데 그런 것도 없고……. 그렇다면 타살임에 틀림없는데……, 도대체 누가 죽인 거지?"

이쿠스 반장이 나직이 중얼거렸습니다.

세미콘 박사의 연구실은 2칸으로 되어 있습니다. 세미콘 박사는 특별한 약속이 없으면 항상 연구실에 앉아 있었는데, 그를 만나기 위해서는 반드시 루지아 양이 있는 비서실을 지나야 했습니다.

이쿠스 반장은 사건 신고자인 루지아 양을 불렀습니다. 루지아 양은 아직도 박사의 죽음이 믿어지지 않는지 겁에 질린 표정이었습니다.

이쿠스 반장이 루지아 양에게 물었습니다.

"루지아 양, 박사님이 죽은 것을 발견한 시각이 언제죠?"

"1시 정각이에요."

루지아 양이 울먹거리면서 대답했습니다.

"정확히 1시인가요?"

"네. 박사님은 매일 정각 1시에 커피를 드세요. 그래서 1시 정각을 알리는 종이 울리자마자 저는 커피를 들고 박사님의 방문을 열고 들어갔는데, 그만……."

루지아 양은 더 이상 말을 잇지 못했습니다.

"됐습니다. 루지아 양, 진정하세요."

이쿠스 반장은 루지아 양을 달래 주었습니다.

따르릉.

에릭 형사의 휴대폰이 울렸습니다. 국립과학수사연구소였습니다. 에릭 형사는 핸드폰을 반장에게 건네주었습니다.

"독살이라고?"

이쿠스 반장은 놀란 표정으로 소리쳤습니다.

"그렇다면 독살 흔적이 있어야 하잖아? 근데 현장에는 잔은커녕 물컵 하나 보이지 않는군. 보통 독살을 할 때는 물이나 주스에 독을 타서 몰래 마시게 하는데 말이야."

이쿠스 반장이 자신 없는 표정으로 말했습니다.

"혹시 범인이 독살한 컵을 버린 것은 아닐까요?"

에릭 형사가 말했습니다.

"그럴 수 있지. 독살한 컵에는 범인의 지문이 묻어 있을 테니까 말야."

이쿠스 반장은 이번 사건에 대해 좀처럼 감을 잡을 수 없었습니다. 잠시 창밖을 바라보며 상념에 잠겨 있던 이쿠스 반장이 에릭 형사에게 물었습니다.

"현장을 조사한 결과는?"

"이것을 보십시오."

에릭 형사는 고속도로 방
음벽을 설치하는 공사판의 일당
계산서를 보여 주었습니다.

"15일 동안의 임금을 받은 영수증이
군. 가만, 이 고속도로 방음벽 공사는 8명
이 일해서 20일 걸리는 공사라고 들었는데. 그런데 왜 15일
동안의 임금만 지급된 거지?"

이쿠스 반장이 임금 계산서를 바라보고 의심스러운 표정으
로 말했습니다. 에릭 형사는 공사 현장에 전화를 걸어 알아
보고는 반장에게 보고했습니다.

"반장님 말대로 그 공사는 8명이 일해 20일 걸리는 일이었
습니다. 그런데 코시와 지미라는 일꾼이 도중에 그만두고 남
은 일을 6명이 하다 보니 24일이 걸렸다고 합니다."

"코시와 지미 중에서 박사와 관련 있는 사람이 있나?"

"코시는 다른 마을에서 일하러 온 사람이니까 박사와는 아
무 관계가 없습니다."

"그럼 지미는?"

"세미콘 박사와 초등학교 동창입니다. 아무래도 지미에게
서 냄새가 납니다."

"지미는 아니야. "

이쿠스 반장은 단정적으로 말했습니다.

"어째서죠?"

"그 공사 현장에서 15일 일한 인부는 없어. 그 공사는 8명이 일해 20일 걸리는 일이야. 그러니까 전체 일의 양을 1이라고 하면 한 사람이 하루에 하는 일의 양은 $\frac{1}{8 \times 20} = \frac{1}{160}$ 이지. 지미와 코시가 일한 날수를 x일이라고 하고 남은 6명이 일한 날수를 y라고 해 봐. x일 동안은 8명이 일했고, y일 동안은 6명이 일을 했으니까

$$8x \times \frac{1}{160} + 6y \times \frac{1}{160} = 1$$

을 만족해야 해. 그런데 전체 걸린 날수가 24일이니까

$x + y = 24$

도 만족해야 해. 이 연립방정식을 풀면

$x = 8, \ y = 16$

이 되거든. 그러니까 지미와 코시는 8일 동안 일했고, 다른 6명은 24일 동안 일했거든. 그러니까 이 공사판에서 15일치 임금을 받을 사람은 없어. 그러니까 이것은 다른 공사판의 임금 영수증이야. 즉, 이번 사건과는 아무 상관이 없지."

이쿠스 반장이 연립방정식을 써서 지미가 범인이 아니라는

것을 증명했습니다.

이로써 첫 번째 증거는 아무 소용이 없게 되었습니다.

에릭 형사는 이쿠스 반장을 두 번째 증거가 있는 곳으로 데리고 갔습니다. 그곳은 세미콘 박사의 연구실에 있는 조그만 책꽂이였습니다. 그 책꽂이에는 와인 병 하나가 거꾸로 세워져 있었습니다.

에릭 형사는 반장에게 와인 병을 가리키며 말했습니다.

"저게 두 번째 증거입니다."

"지문은 채취했나?"

이쿠스 반장이 물었습니다.

"세미콘 박사와 라이벌 관계에 있는 TT 반도체의 지르콘

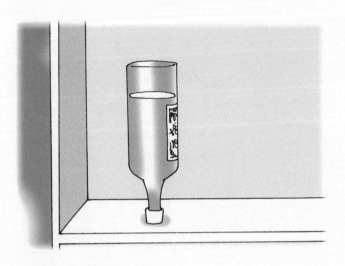

박사의 지문입니다.”

　“지르콘 박사?”

　이쿠스 반장은 어디에서 들어본 이름인 것 같다는 생각이 들었습니다. 그때 루지아 양이 말했습니다.

　“지르콘 박사님의 연구실도 이 건물에 있어요.”

　“몇 층에 있죠?”

　“20층에 있어요.”

　“지르콘 박사가 오늘 이곳에 들렀나요?”

　“지르콘 박사님은 세미콘 박사님의 친구이자 라이벌입니다. 두 분은 서로 다른 기업에서 거의 같은 연구를 하시죠. 그런데 항상 세미콘 박사님이 먼저 개발에 성공했지요. 그래서 세미콘 박사님을 부러워했어요. 오늘도 12시쯤 들렀어요.”

“그럼 지르콘 박사가 언제 나갔지요?”

“저는 12시부터 12시 50분까지 점심시간이라 외출 중이었어요. 돌아온 후 저는 비서실에서 커피를 준비하고 있었지요. 그리고 1시에 연구실에 들어갔을 때는 세미콘 박사가 죽어 있었지요.”

“지르콘 박사가 돌아간 시간은 12시와 12시 50분 사이가 되는군. 그리고 와인 병에 지르콘 박사의 지문, 세미콘 박사의 독살, 지르콘 박사와 세미콘 박사의 경쟁…….”

이쿠스 반장은 혼잣말을 하면서 포도주 병 쪽으로 갔습니다. 반장은 손에 비닐 장갑을 끼고 포도주 병을 뒤집어 보려고 했지만 누군가 강한 본드로 병을 책꽂이 바닥에 붙여 놓아 꼼짝도 하지 않았습니다.

“위에 빈 공간이 있는 걸 보니 누가 먹은 것 같은데요?”

에릭 형사가 말했습니다.

“에릭 형사, 당장 저 와인 회사에 전화해서 저 병의 부피와 한 잔도 마시지 않았을 때 와인이 채워진 높이, 그리고 바닥의 넓이를 알아봐.”

이쿠스 반장은 거꾸로 서 있는 와인 병을 자세히 쳐다보며 말했습니다. 잠시 후 와인 회사와 통화를 끝낸 에릭 형사가

말했습니다.

"병의 부피는 500mL이고 바닥의 넓이는 20cm²이며 와인이 채워진 높이는 15cm라고 합니다. 반장님, 병을 뒤집을 수 없는데 15cm인지 아닌지를 어떻게 조사하지요?"

에릭 형사는 이상하다는 듯이 물었습니다.

이쿠스 반장은 거꾸로 세워져 있는 와인 병의 비어 있는 부분의 높이를 자로 재었습니다. 그 길이는 10cm였습니다.

"뭐야. 이건 아무도 먹은 적이 없는 새 것이야."

이쿠스 반장은 실망한 표정으로 말했습니다.

"어떻게 알죠?"

에릭이 놀란 눈으로 물었습니다.

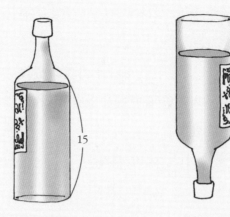

　"간단해. 병이 똑바로 서 있을 때를 봐. 와인의 부피는 $20 \times$ $15 = 300(\text{mL})$이 되지? 병의 부피가 500mL이니까 비어 있는 부분의 부피는 200mL가 되거든. 이것은 거꾸로 뒤집었을 때 비어 있는 부피와 같아야지. 그러니까 거꾸로 뒤집었을 때 비어 있는 부분의 높이를 x라고 하면 $20x = 200$이 되어야 해. 이것을 풀면 $x = 10$이 되지. 그러니까 거꾸로 세웠을 때 빈 곳의 높이가 10cm라면 조금도 먹지 않은 새 와인 병이라는 얘기지. 그러니까 이 포도주 병으로 지르콘 박사를 범인으로 단정할 순 없어. 물론 지르콘 박사가 강력한 용의자임에는 틀림없지만."

　이쿠스 반장은 뭔가 찜찜한 듯한 표정을 지으며 말했습니다. 이렇게 되어 두 번째 증거도 아무런 소용이 없게 되었습니다.

이쿠스 반장은 에릭 형사에게 다시 물었습니다.

"또 다른 증거는 없나?"

에릭 형사는 조그만 진주 하나를 가지고 왔습니다.

"죽은 세미콘 박사 옆에 떨어져 있던 것입니다."

"무게를 재 보게."

반장이 말했습니다. 에릭 형사는  디지털 저울에 진주를 올려놓았습니다. 진주의 무게는 6g이었습니다.

"이 진주를 취급하는 곳에 알아봐. 최근에 6g짜리 진주를 사 간 사람이 있는지."

에릭 형사는 마을의 진주 가게에 전화를 걸어 알아보았습니다. 그리고 반장에게 보고했습니다.

"최근 1달 동안 진주를 사 간 사람은 2명뿐입니다. 그런데 6g짜리 진주를 사 간 사람은 없고 한 사람은 4g짜리를, 또 한 사람은 9g짜리를 사 갔다고 합니다."

순간 루지아 양의 얼굴이 창백해졌습니다.

"루지아 양, 어디 아프세요?"

이쿠스 반장이 물었습니다.

"그냥 몸이 좀 불편해서……."

루지아 양의 목소리가 떨렸습니다.

"이 진주는 어디에서 구입한 걸까?"

이쿠스 반장은 다시 창가를 바라보았습니다. 사건은 점점 미궁으로 빠져들었습니다. 현장에서 발견된 증거가 모두 소용이 없었기 때문입니다.

"커피 한 잔 마시고 싶군. 루지아 양, 커피 두 잔만 타 줄래요?"

이쿠스 반장이 루지아 양에게 말했습니다.

"커피잔이 하나뿐인데요."

루지아 양이 말했습니다.

"저는 됐어요."

에릭 형사가 말했습니다.

루지아 양은 찬장 속에서 잔 하나를 꺼내 커피를 타서 이쿠스 반장에게 건네주었습니다. 루지아 양의 손이 부들부들 떨리면서 그만 커피잔이 바닥에 떨어졌습니다.

"이런. 아무래도 나가서 자판기 커피를 마셔야겠군."

이쿠스 반장은 이렇게 말하고는 에릭 형사와 함께 잠시 방을 나왔습니다.

"루지아 양에게서 냄새가 나는군."

반장이 말했습니다.

"루지아 양은 오랫동안 세미콘 박사의 비서 일을 해 왔어요. 월급도 다른 직종에 비해 많고 세미콘 박사의 성격도 좋아 그보다 좋은 직장이 없을 텐데, 박사를 죽일 이유가 있을까요?"

에릭 형사가 말했습니다.

"커피잔은 보통 2개를 한 세트로 판매하지. 그런데 커피잔이 하나뿐이었어. 그리고 나에게 커피를 타 준 잔은 며칠 동안 사용한 적이 없어 보이는 아주 깨끗한 것이었어. 그럼 1시에 박사의 방으로 가지고 간 커피잔은 어디에 있지? 그사이에 바로 설거지를 했을 리도 없고."

반장이 예리한 눈빛으로 말했습니다.

"잃어버린 하나의 커피잔을 찾아야겠군요."

에릭 형사도 생각에 잠긴 표정으로 말했습니다.

"먼저 진주의 무게에 대해 자세히 알아봐야겠어."

이쿠스 반장은 뭔가 확실한 것이 있어 보이는 표정이었습니다.

두 사람은 차를 타고 진주 가게로 향했습니다. 그리고 주인에게 물었습니다.

"여기서 최근에 4g짜리 진주와 9g짜리 진주를 팔았다고 했지요?"

"네."

주인이 대답했습니다.

"누구에게 팔았지요?"

"4g짜리는 지르콘이라는 남자에게, 9g짜리는 루지아라는 여자에게 팔았습니다."

"지르콘 박사와 루지아 양!"

순간 이쿠스 반장과 에릭 형사는 깜짝 놀랐습니다.

"두 용의자가 모두 이 가게에서 진주를 샀고, 현장에는 6g 짜리 진주가 떨어져 있고······. 가만 $4 \times 9 = 6^2$이잖아? 우연의 일치라고 하기엔 이상한 걸!"

이쿠스 반장은 점점 이상한 생각이 들기 시작했습니다.

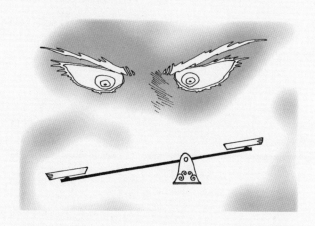

"저울 좀 보여 주시겠습니까?"

이쿠스 반장이 주인에게 말했습니다. 주인은 양팔 저울을 가지고 왔습니다. 그런데 이상하게도 이 저울은 양쪽에 아무 것도 올려 놓지 않았는데도 한쪽으로 기울어져 있었습니다. 이쿠스 반장은 저울을 유심히 바라보았습니다. 놀랍게도 이 저울은 왼쪽과 오른쪽의 팔 길이가 달랐습니다.

"이렇게 팔 길이가 다른 저울로 재면 어느 쪽에 진주를 올려 놓느냐에 따라 무게가 다르게 나올 수 있어."

반장이 말했습니다.

"어떻게 그럴 수 있지요?"

에릭 형사가 물었습니다.

"왼쪽 팔 길이를 a, 오른쪽 팔 길이를 b라고 해 봐. 우리가 무게를 모르는 진주의 무게를 xg이라고 하고 말이야. 그런데 진주를 왼쪽에 올려놓았을 때 4g짜리 추와 수평을 이루었다고 해 보자고.

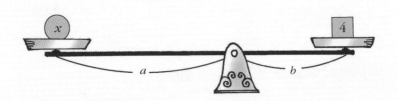

그럼 지렛대의 원리에 의해 $ax = 4b$가 되거든.

이번에는 반대로 오른쪽에 진주를 올려놓는다고 해 봐. 이때 왼쪽에 9g의 추와 수평을 이룬다고 해 보자고.

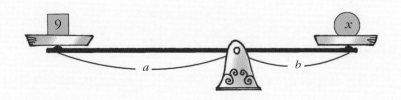

그럼 지렛대의 원리에 의해 $9a = bx$가 되지. 두 식을 곱하면 $abx^2 = 36ab$이니까 $x^2 = 36$이 되잖아. 이것을 풀면 $x = 6$이니까 진주의 실제 무게는 6g이야."

이쿠스 반장이 미소를 지으며 말했습니다.

"그럼 지르콘 박사와 루지아 양이 강력한 용의자이군요."

"그래. 두 사람 중 진주를 가지고 있는 사람은 범인이 아닐 확률이 높지. 에릭 형사, 한번 확인해 봐."

에릭 형사는 두 사람에게 전화를 걸어 진주를 가지고 있는지를 조사했습니다. 공교롭게도 두 사람 모두 어제 진주를 잃어버렸다고 말했습니다. 이제 두 사람 중에서 범인을 찾기 위해서는 좀 더 강력한 단서가 필요했습니다.

두 사람은 다시 현장으로 달려갔습니다. 그리고 건물 주위를 돌아보았습니다. 세미콘 박사의 연구실 유리창 아래에 커피잔 조각으로 생각되는 조그만 부스러기가 떨어져 있었습니다.

"이 부스러기와 연구실에 있는 커피잔의 성분이 같은지 조사해 봐."

이쿠스 반장이 에릭에게 말했습니다.

이쿠스 반장은 1층부터 세미콘 박사의 연구실이 있는 10층까지 천천히 올려다 보았습니다.

"가만, 저건……."

이쿠스 반장은 6층 유리창을 주시했습니다. 6층은 CF 촬영 스튜디오였습니다.

"바로 저기다."

반장은 이렇게 외치며 성급한 나머지 계단을 통해 6층 스튜디오로 달려가 문을 두들겼습니다. 에릭 형사는 영문을 모른 채 이쿠스 반장을 따라 올라갔습니다.

"경찰입니다."

수염을 기르고 파이프를 입에 문 사람이 문을 열어 주었습니다. 이쿠스 반장은 안으로 들어가 거실 유리창을 향해 설치되어 있는 카메라를 발견했습니다. 거실 유리창 쪽에는 의자가 있고 여자 모델이 앉아 있었습니다.

"스튜디오의 감독님이십니까?"

이쿠스 반장이 물었습니다.

"네. 저는 칸느 감독입니다. 그런데 무슨 일로?"

수염을 기른 사내가 약간 놀란 표정으로 자신을 소개했습니다.

"10층에 살인 사건이 난 것을 알고 계시죠?"

이쿠스 반장은 여자 모델을 바라보면서 칸느 감독에게 물었습니다.

"네, 소문을 들어 알고 있습니다."

칸느 감독이 대답했습니다.

"혹시 오늘 1시에 촬영이 있었습니까?"

"12시부터 지금까지 쉬지 않고 촬영하고 있었습니다."

"지금 카메라가 설치된 방향으로 말이죠?"

"그렇습니다. 창가에 모델이 있으니까 그 방향으로 계속 모델의 포즈를 바꿔 가며 찍었지요."

"에릭! 드디어 증거를 잡았어!"

반장은 매우 신이 난 표정으로 말했습니다.

"무슨 증거죠?"

에릭 형사는 반장이 무엇을 발견했는지 전혀 눈치채지 못하는 것 같았습니다.

"그럼 유리창으로 어떤 물체가 떨어진다면, 그 물체도 당연히 찍히겠군요."

"물론이죠. 지금 풀컷으로 잡고 있어 거실 유리창 전체를 통한 배경이 나타납니다."

"지금 사용하시는 카메라는 몇 프레임이죠?"

"20프레임입니다."

"20프레임이면 1초에 필름이 20장 지나가니까 20분의 1초 즉, 0.05초 간격으로 찍히는군요. 그럼 1시를 전후로 촬영한 비디오 필름은 녹화되어 있겠지요?"

"물론입니다."

"그걸 좀 봅시다."

칸느 감독은 카메라에서 비디오 테이프를 빼서 거실에 있는 비디오 플레이어에 넣었습니다. 모두 거실 소파에 앉아 1시 전후의 비디오를 보았습니다. 1시 2분쯤 모델의 왼쪽 유리창 부분에 커피잔처럼 생긴 물체가 떨어지는 모습이 빠르게 지나갔습니다.

"정지해 주세요."

이쿠스 반장의 소리에 칸느 감독은 정지 버튼을 눌렀습니다. 그리고 반장이 칸느 감독에게 말했습니다.

"1장씩 볼 수 있을까요?"

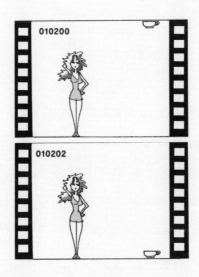

칸느 감독은 필름을 1장씩 돌렸습니다. 필름에는 0.05초까지 정확한 시간이 나타나 있었습니다.

1시 2분 00초라고 표시된 필름에 거실 유리창의 가장 높은 곳에 커피잔이 선명하게 나타났습니다.

다음 필름으로 갈수록 커피잔의 높이가 낮아지더니 커피잔이 나타난 필름에서 4장의 필름이 지난 후 유리창의 맨 아래에 커피잔이 나타났습니다.

"4장의 필름이 지나갔으니까 0.05초의 4배인 0.2초가 흐른 거야. 그러니까 커피잔이 유리창의 맨 위에 나타나고 0.2초 후 유리창 맨 아래로 사라졌으니까 커피잔이 유리창을 지나가는 데 걸린 시간은 0.2초야. 에릭 형사, 유리창의 높이를 재 보게."

반장이 에릭에게 명령했습니다.

"4.2m입니다."

에릭이 대답했습니다. 반장은 종이를 꺼내 열심히 계산하더니 말했습니다.

"그럼 커피잔은 유리창 맨 위로부터 20m 높이에서 떨어지기 시작했어. 이 건물 한 층의 높이는 5m이니까 이곳으로부터 4층 위, 즉 10층에서 커피잔이 떨어진 거야."

"어떻게 20m 위에서 떨어졌는지 알죠?"

에릭 형사가 물었습니다.

"물체가 떨어질 때는 일정한 규칙이 있어. 그러니까 처음 위치로부터 t시간 동안 떨어진 거리를 b라고 하면 $b = 5t^2$을

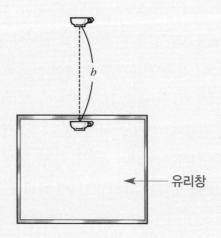

유리창

만족하거든. 그러니까 유리창 꼭대기로부터 높이 b 위에서 시간 t초 동안 떨어졌다고 해 봐.

그럼 커피잔이 맨 위에 있을 때는 $b = 5t^2$이 되지. 그리고 0.2초 더 지나서 유리창의 높이만큼을 더 떨어졌으니까 $b + 4.2 = 5(t + 0.2)^2$ 이 되거든.

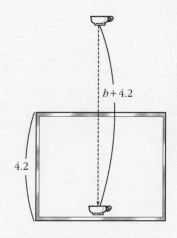

이 두 식을 연립하여 풀면 $t = 2$가 나와. 그러니까 $b = 5 \times 2^2 = 20$이 되지. 그러니까 커피잔은 20m 위에서 떨어진 거야."

이쿠스 반장이 자신 있게 설명했습니다. 모두들 이쿠스 반장을 존경스러운 눈빛으로 바라보았습니다.

결국 범인은 루지아 양으로 밝혀졌습니다. 그녀는 세미콘 박사를 죽이고, 고집적 반도체 설계도를 빼 오면 큰돈을 준

다는 상대 회사의 꼬임에 빠져 그런 무시무시한 범행을 저지
른 것이었습니다.

　디오판토스는 3세기 후반 알렉산드리아에서 활약한 그리스의 수학자입니다. 하지만 정확한 출생지와 출생년도는 알려져 있지 않습니다.

　디오판토스가 쓴 책 중 《산수론》은 총 13권으로 이루어져 있는데 현재까지 남아 있는 책은 6권뿐이라고 합니다. 주로 일차방정식에서 삼차방정식까지의 문제와 해법이 다루어져 있습니다. 이 책은 아라비아 어로 번역되어 그곳 학자들에게 영향을 끼쳤으며, 뒤에 라틴어로 번역되면서 대수학의 발전에 큰 공헌을 하게 됩니다. 특히 이 책에 실린 '주어진 제곱수를 2개의 제곱수로 나누어라'라는 부분이 페르마(Pierre Fermat)에게 큰 영향을 끼쳐 '페르마의 정리'가 탄생되었다고 합니다.

디오판토스 이전에는 수학에 기호가 존재하지 않았습니다. 그는 마이너스(−), 미지수, 상등(=), 거듭제곱 등의 기호를 조직적으로 채용했으며 오늘날 방정식에 쓰이는 문자를 최초로 사용한 사람이라고 합니다.

그에 관한 유명한 에피소드는 디오판토스의 묘비로 매우 잘 알려져 있습니다. 그 내용은 다음과 같습니다.

보라. 여기에 디오판토스의 일생의 기록이 있다. 그의 인생의 6분의 1은 소년으로 보냈다. 그 뒤 인생의 12분의 1을 더 산 후 수염이 자라기 시작했다. 다시 7분의 1이 지난 뒤 결혼했다. 결혼 5년 후에 낳은 아들은 아버지의 나이의 꼭 절반을 살았고, 아들이 죽고 4년이 지나 일생을 마쳤다.

이 방정식을 해결하면 그가 몇 세에 사망하였는지를 알 수 있습니다.

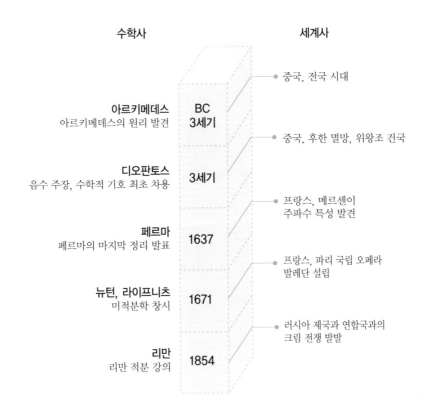

수학사

세계사

● 중국, 전국 시대

아르키메데스
아르키메데스의 원리 발견

BC
3세기

● 중국, 후한 멸망, 위왕조 건국

디오판토스
음수 주장, 수학적 기호 최초 차용

3세기

● 프랑스, 메르센이
주파수 특성 발견

페르마
페르마의 마지막 정리 발표

1637

● 프랑스, 파리 국립 오페라
발레단 설립

뉴턴, 라이프니츠
미적분학 창시

1671

● 러시아 제국과 연합국과의
크림 전쟁 발발

리만
리만 적분 강의

1854

체크, 핵심 내용
이 책의 핵심은?

1. 속력은 거리를 ☐☐ 으로 나눈 값입니다.

2. 소금물의 ☐☐(%) = (소금의 양) / (☐☐☐의 양) × ☐☐☐ 입니다.

3. 2개의 미지수가 만족하는 2개 이상의 일차방정식 묶음을 ☐☐☐☐ 방정식이라고 합니다.

4. $x+y=2$, $x-y=0$을 만족하는 해는 $x = ☐$, $y = ☐$ 입니다.

5. 최고차항의 차수가 2차인 방정식을 ☐☐ 방정식이라고 합니다.

6. AB=0이면 ☐ = ☐ 또는 ☐ = ☐ 입니다.

7. 이차방정식 $ax^2+bx+c=0$ $(a≠0)$의 근을 구하는 공식은

$$x = \frac{☐☐ ± \sqrt{b^2 - ☐☐☐}}{2a}$$ 입니다.

스위스의 천재 수학자 오일러(Leonhard Euler)는 약 300년
전 유체의 흐름을 모형화한 오일러 방정식을 찾아냈습니다.
오일러 방정식은 뉴턴의 운동 법칙을 유체에 적용해 유도해
낸 것으로, 이 방정식은 공기나 물이 흐르다가 장애물을 만
났을 때 발생하는 난류의 운동을 묘사합니다.

250년이 지나서야 이 방정식에 대한 본격적인 연구가 시작
되었으나, 해는 알려지지 않았습니다. 다만 어느 시간까지는
방정식의 해가 난류를 일으키지 않는 흐름이 된다는 정도만
이 알려져 있을 뿐입니다. 그만큼 그의 수학은 시대를 너
무 앞서갔던 것입니다.

오일러 방정식이 풀리게 되면 비행기를 설계할 때 날개 뒤
에 난류가 생기지 않게 하는 조건을 찾을 수 있습니다. 또
지금처럼 위성 사진을 보고 토네이도나 태풍의 진로를 수십

km 반경 내에서 예측하는 게 아니라 정확한 발생 지점을 알아내는 일도 가능하게 됩니다.

하지만 그동안 수많은 수학자들이 도전한 오일러 방정식은 아직까지 특수해조차도 발견된 적이 없습니다. 수학자들은 어떤 종류의 특수해는 생기지 않는다는 것을 알아내는 데 만족해야 했습니다.

오일러 방정식을 연구하는 전 세계의 수학자들은 이 방정식이 상대 수학 등 다른 이론을 적용하여 답이 구해질지도 모른다고 믿고 있습니다. 하지만 앞으로 200~300년 정도 후에야 오일러 방정식이 풀릴 거라고 조심스럽게 주장하는 수학자들도 있습니다.

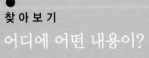

찾 아 보 기

어디에 어떤 내용이?

ㄱ

계수 57

근 22, 88

근의 공식 104, 106

ㄴ

농도 41, 42, 74

ㄷ

닮음 113, 114

닮음비 114, 115

동류항 30

동류항 정리 30

등식 11

등식의 성질 11, 13

등호 11

ㅁ

문자 12, 13

미지수 21

ㅂ

방정식 21, 22, 24, 25

복부호 98, 104, 105

분배 법칙 24, 25, 38, 85

ㅅ

상수항 26

속력 36, 37, 38, 68

ㅇ

양변 14

연립방정식 56, 63, 69, 74

연립일차방정식 55

우변 14

이차방정식 26, 83, 91, 97, 101, 109, 113, 121

이차식 26

이항 28

인수 88

인수분해 88, 111

일차방정식 26, 30, 51

일차방정식의 활용 35

일차식 26

ㅈ

전개 85

제곱근 98

제곱수 102

좌변 14

ㅊ

차수 26

ㅎ

항 26

해 22

황금비 121, 123